空天地大数据与水利应用丛书

生态系统生产力干旱损伤评估方法与实践

雷添杰　武建军　曲伟　著

U0238197

中国水利水电出版社
www.waterpub.com.cn

·北京·

内 容 提 要

　　随着全球气候变化的加剧，世界范围内的干旱灾害发生频率和影响面积不断增加，急需一种评估全球变化背景下干旱对草地生态系统造成严重后果的科学方法，为防灾减灾、科学抗旱及草地生态可持续发展提供科学依据。本书以干旱指数和生态过程模型为工具，在利用通量观测数据进行模型精确校准的基础上，模拟了近50年来内蒙古草原NPP的变化。定量估算了各等级干旱事件对不同草地类型NPP变化的影响，揭示了各类草地对不同干旱事件的生产力响应差异，进一步厘清了近50年干旱单一因子对NPP造成的净影响。本书可为我国防灾减灾和内蒙古草原社会经济、草地生态系统可持续发展提供重要理论和技术支撑。

　　本书可以作为相关专业师生的辅助教材。

图书在版编目（ＣＩＰ）数据

　　生态系统生产力干旱损伤评估方法与实践 / 雷添杰，武建军，曲伟著. －－ 北京 ：中国水利水电出版社，2020.11
　　（空天地大数据与水利应用丛书）
　　ISBN 978-7-5170-9095-3

　　Ⅰ. ①生… Ⅱ. ①雷… ②武… ③曲… Ⅲ. ①草原－干旱－评估方法－研究 Ⅳ. ①S812.1

中国版本图书馆CIP数据核字(2020)第212889号

书　　名	空天地大数据与水利应用丛书 生态系统生产力干旱损伤评估方法与实践 SHENGTAI XITONG SHENGCHANLI GANHAN SUNSHANG PINGGU FANGFA YU SHIJIAN
作　　者	雷添杰　武建军　曲　伟　著
出版发行	中国水利水电出版社 （北京市海淀区玉渊潭南路1号D座　100038） 网址：www.waterpub.com.cn E-mail：sales@mwr.gov.cn 电话：(010) 68367658（营销中心）
经　　售	北京科水图书销售中心（零售） 电话：(010) 88383994、63202643、68545874 全国各地新华书店和相关出版物销售网点
排　　版	中国水利水电出版社微机排版中心
印　　刷	天津嘉恒印务有限公司
规　　格	184mm×260mm　16开本　7.75印张　189千字
版　　次	2020年11月第1版　2020年11月第1次印刷
定　　价	**58.00元**

"空天地大数据与水利应用丛书"编委会

主　编　吕　娟　雷添杰
副主编　李　京　宋文龙
编　委（按姓氏笔画排序）

王嘉宝　王世东　田济扬　曲　伟　吕　娟
孙洪泉　苏志诚　杜　冰　李　京　李小涵
李纪人　李翔宇　宋文龙　宋宏权　张亚珍
张鹏鹏　陈　曦　陈　强　陈金平　武志涛
武建军　尚毅梓　岳建伟　金菊良　周　纪
周　磊　胡连兴　宫阿都　徐瑞瑞　郭胜山
黄锦涛　蒋金豹　程结海　雷添杰　路京选
慎　利

主　审　丁留谦　李纪人

全球气候变化与陆地生态系统碳循环是当前全球变化研究的重要内容。随着全球气候变化的加剧，近年来，世界范围内的干旱灾害发生频率和影响面积不断增加。IPCC（Intergovernmental Panel on Climate Change，联合国政府间气候变化专门委员会）在其系列评估报告中指出，在干旱和半干旱区域，未来干旱风险有不断增强的趋势。内蒙古草原位于我国东北样带环境敏感区，干旱发生频繁、强度大、持续时间长，对内蒙古草原生态系统碳循环产生了重大影响。内蒙古草原是研究干旱对草地生产力影响的典型区域，干旱也会对草地生态系统的组成、结构和功能等方面造成影响，影响程度远比全球变化平均梯度格局改变的影响更为深远和严重，严重威胁着草地生态系统生产力的可持续发展。在可预见的将来，干旱的变化趋势是发生更加频繁、等级更高、持续时间更长，可能超出生态系统能够承受的压力阈值，对生态系统碳循环过程产生更加强烈的影响。因此，急需一种评估全球气候变化背景下干旱对草地生态系统造成严重后果的科学方法，为防灾减灾、科学抗旱及草地生态可持续发展提供科学依据。

草地生态系统是干旱影响的主要承灾体，严重的干旱灾害造成草地生产力显著下降。长期以来，如何科学评估干旱对草地生态系统生产力造成的影响是比较棘手的问题。本书以不同草地生态系统为研究对象，以 NPP（Net Primary Production，净初级生产力）为评价指标，基于植被生长机理的动态模型 Biome – BGC 和 SPI（Standardized Precipitation Index，标准化降水指数）干旱指数，在通量数据和模型优化的基础上，模拟内蒙古自治区近 50 年（1961—2012 年）不同类型草地（荒漠、典型和草甸草地）植被的生长过程，采用正常年多年 NPP 的平均值作为干旱影响的评估标准，研究了不同等级干旱事件对不同类型草地 NPP 变化的定量影响及其响应关系，探讨了气候变化背景下近 50 年干旱单因子对草地生产力的净影响。本书的主要结论及创新如下。

1. 近 50 年草地干旱强度和生产力均无明显变化趋势

内蒙古草原干旱发生频率高，属于干旱高危区。在时间尺度上，近 50 年内蒙古草地的干旱强度无明显的变化趋势，干旱持续时间（－0.28 月/10a）和影响面积（－1.5％/10a）均有显著下降的趋势；92.8％的区域 12month SPI（SPI_12）无显著的变化趋势（$p>0.05$）。不同等级干旱的发生频率差异较大，中等、严重和极端干旱发生频率分别为 1.26～4.33 年/次、1.73～10.2 年/次和 3.71～52 年/次，且空间分布具有较大差异。同样，近 50 年草地 NPP 的年际变化趋势并不显著，略呈降低趋势 [－4.73gC/(m^2·10a)]。其中，92.7％的区域草地 NPP 在总体上也无显著变化的趋势（$p>0.05$）。不同地区的草地 NPP 变化速率存在差异，草甸、典型和荒漠草原 NPP 的变化速率分别为 －0.97～3.23gC/(m^2·10a)、－1.30～4.35gC/(m^2·10a) 和 －0.37～4.48gC/(m^2·10a)。

2. 不同等级干旱对草地生产力造成了不同程度的影响，且对不同类型草地生产力的影响程度存在较大差异

研究发现，干旱是造成草地 NPP 年际波动的主要胁迫因子之一。不同等级的干旱对同一类型草地的影响存在显著差异，同一等级干旱对不同类型草地生态系统的影响也存在较大差异。中等干旱事件所造成的草甸、典型和荒漠草原 NPP 的平均损失分别为 21.15gC/(m^2·a)、20.38gC/(m^2·a) 和 9.51gC/(m^2·a)；严重干旱事件造成的草甸、典型和荒漠草原 NPP 的平均损失分别为 32.99gC/(m^2·a)、36.29gC/(m^2·a) 和 14.57gC/(m^2·a)；极端干旱事件造成的草甸、典型和荒漠草原 NPP 的平均损失分别为 49.16gC/(m^2·a)、52.61gC/(m^2·a) 和 59.82gC/(m^2·a)。中等和严重干旱对荒漠、典型和草甸草原 NPP 造成的损失自西向东沿荒漠—典型—草甸的梯度变化逐渐增大，而极端干旱造成的 NPP 损失沿荒漠—典型—草甸的梯度变化逐渐降低。

不同类型草地 NPP 的变化随着中等—严重—极端干旱等级的变化呈指数增长关系。在发生中等和严重等级干旱时，荒漠草原 NPP 对干旱的响应速率低于草甸和典型草原 NPP 的变化速率，但是在极端干旱条件下，荒漠草原 NPP 对干旱的响应速率高于草甸和典型草原 NPP 的变化速率。根据草地生产力退化评估标准，在中等和严重等级的干旱条件下荒漠草原具有较强的抗逆能力，一定程度上基本可以抵御干旱影响，但在极端干旱条件下会发生草地生产力严重下降和草地的退化。不同等级干旱事件对典型和草甸草原 NPP 造成的绝对损失量虽然较大，但整体上未造成草甸和典型生态系统生产力的退化。

3. 近 50 年干旱对草地生产力净影响显著，且对不同类型草地生产力的影响存在较大差异

剔除了气候变化（降水和温度）因子的交互作用对干旱影响的干扰，进一

步厘清了近 50 年干旱对草地 NPP 的净影响。在区域尺度上，近 50 年干旱单一因子造成的 NPP 总净影响在 $-1140.30\text{gC}/(\text{m}^2 \cdot 52\text{a}) \sim 15003.30\text{gC}/(\text{m}^2 \cdot 52\text{a})$ 范围内变化。干旱对不同草地类型 NPP 的影响存在差异，对草甸、典型和荒漠草原 NPP 损失（NPP 变化为正值时）较为严重的区域面积百分比分别约为 95.4%、91.6% 和 36.8%；干旱造成草地 NPP 增加（NPP 变化为负值时）的区域面积百分比分别为 4.6%、8.4% 和 63.2%。近 50 年干旱对草甸、典型和荒漠草原 NPP 的区域平均净影响分别为 $7005.73\text{gC}/(\text{m}^2 \cdot 52\text{a})$、$8466.10\text{gC}/(\text{m}^2 \cdot 52\text{a})$ 和 $4753.25\text{gC}/(\text{m}^2 \cdot 52\text{a})$。干旱单因子对草地生产力 NPP 的净影响程度，沿草甸草原—典型草原—荒漠草原的梯度变化呈现出"两头低，中间高"的现象。在内蒙古自治区，干旱对草地生产力的影响主要是由降水亏缺引起的，但温度和降水对干旱的影响存在显著干扰（$p < 0.05$），而且降水对 NPP 的负影响大于温度施加的正作用。近 50 年来，干旱对内蒙古草地生产力的影响幅度在逐渐减弱。在区域尺度上，当前的气候变化格局变动对内蒙古草地生产力变化总体上起负作用，并在一定程度上加剧了干旱对草地生态系统的影响。

面向干旱对草地生产力造成的影响进行定量评估这一科学问题，本书以干旱指数和生态过程模型为工具，在利用通量观测数据进行模型精确校准的基础上，模拟了近 50 年来内蒙古草原 NPP 的变化。研究定量估算了各等级干旱事件对不同草地类型 NPP 变化的影响，揭示了各类草地对不同干旱事件的生产力响应差异，进一步厘清了近 50 年干旱单一因子对 NPP 造成的净影响。本书的研究工作可为我国防灾减灾和内蒙古草原社会经济、草地生态系统可持续发展提供重要理论和技术支撑。

本书获得"十三五"国家重点研发计划项目（2017YFB0504105）、国家自然科学基金（41601569）和"十三五"国家重点研发计划项目（2017YFC1502404、2017YFB0503005）资助，并入选"遥感青年科技人才创新资助计划"。

鉴于作者水平有限，书中不足和错误之处在所难免，恳请广大读者批评指正，不胜感谢。

著者

2019 年 12 月

目录

第 1 章

绪　　论

1.1　研究背景与意义

　　碳水循环的研究已成为四大全球气候变化研究组织 IGBP（国际地圈—生物圈研究计划）、WCRP（世界气候研究计划）、IHDP（国际全球环境变化人文因素计划）、DIVER-SITAS（国际生物多样性计划）共同关注的研究课题（刘燕华等，2004）。全球气候变化与陆地生态系统（Global Change and Terrestrial Ecosystem，GCTE）是当前全球气候变化研究的重要内容，而气候变化与陆地生态系统的相互作用一直是 GCTE 研究的焦点问题（IGBP，2006；田汉勤等，2007）。

　　近年来，随着全球气候变化的加剧，干旱的发生频率不断提高，影响面积不断增加。IPCC 在其系列评估报告中指出，未来干旱风险有不断增强的趋势（Solomon，2007；Stocker 等，2013）。干旱灾害被认为是最复杂的自然灾害之一（Wilhite，2000），与其他自然灾害相比，干旱具有发生频率高、持续时间长、影响范围广等特点（何斌等，2010）。它不仅对水资源、森林、草地、农作物等产生直接影响，而且会引发火灾、虫灾、疾病和沙尘暴等一系列次生灾害，对经济、社会尤其是生态的影响更为深远（Wilhite，2005）。区域性的干旱往往造成全球性的影响，旱灾已经成为全球尤其是我国影响最为广泛的自然灾害（Keyantash 和 Dracup，2002；Sternberg，2012）。干旱对社会、经济、生态造成了严重的影响，已受到各国政府和相关学者的普遍关注（Bonsal 等，2011）。因此，对干旱的发生发展规律及影响评估进行深入探索和研究的紧迫性越来越突出。

　　草地作为世界上分布最广的植被类型之一，在全球碳循环研究中占有非常重要的地位（方精云和朴世龙，2001）。全球草地生态系统碳储量约占陆地生态系统总碳储量的 34%（White R. P. 等，2000b）。我国草地生态系统碳素总储量为 308PgC，占陆地生态系统碳素总储量的 15.2%（董云社和齐玉春，2006），占世界草地碳储量的 9%～16%（Ni，2002）。同时，草地具有相当大的碳蓄积能力，全球排放的 CO_2 有相当多的一部分被草地植被固定。草地作为陆地生态系统作为最可能的未知碳汇所在地已成为目前研究的热点（方精云和朴世龙，2001；齐玉春等，2003），对全球气候变化较其他陆地生态系统更为敏感（张新时，2000）。草地生态系统碳循环的系统研究有助于更加准确地预测未来气候与环境变化和全球碳循环的演变动态和轨迹（方精云，2000；周广胜和王玉辉，2003；于贵瑞等，2003），对于完善全球碳循环的动态平衡机制具有重要意义，为全球碳收支的准确评估和草原碳增汇减排对策的制定及全球各国气候谈判提供参考（孙政国等，2011）。

　　内蒙古温带草原是欧亚大陆草原的重要组成部分，位于国际地圈—生物圈计划（IGBP）全球变化研究典型陆地样地中国东北陆地样带之内，是受全球变化影响最为敏感的区域（于贵瑞等，2003；周广胜等，2003）。内蒙古温带草原80%以上的区域处于干旱和半干旱区，干旱发生较为频繁、强度大、持续时间长（伏玉玲等，2006；李忆平等，2014），对内蒙古草原生态系统碳循环产生了严重的影响（陈佐忠等，2003）。开展以全球干旱化为对象的"全球碳循环机制"的理论和实践研究，将研究全球变化区域生态响应中的敏感性和适应性，探索全球变化区域生态响应中的敏感性和适应性，正成为全球变化区域响应研究的一项主要内容（符淙斌等，2003；叶笃正等，2004）。因此，开展气候干旱化趋势下的草地碳循环研究是人类应对干旱化趋势的一个新的研究课题。

1.2　国内外研究现状

1.2.1　干旱对草地生产力影响的研究进展

1.2.1.1　干旱及干旱事件

　　目前，尽管针对干旱及其监测指标已有大量的研究，但还没有一个可以被普遍接受的干旱定义（Dracup 等，1980；Wilhite 和 Glantz，1985）。Palmer 将干旱定义为"干旱期是这样一个时段，在数月或数年内，水分供应持续低于气候上所期望的水分供给"（Palmer，1965）；世界气象组织定义干旱为"在较大范围内相对长期平均水平而言降水减少，从而导致自然生态系统和雨养农业生产力下降"（Gadgil 等，1992）；我国对气象干旱等级的定义为"某段时间由于蒸发量和降雨量的收支不平衡，水分支出大于水分收入而造成的水分短缺现象"；我国行业干旱评估标准中定义干旱为"因供水量不足，导致工农业生产和城乡居民生活遭受影响，生态环境受到破坏的自然现象"。尽管干旱的定义不同，但是干旱的核心内容是水分缺乏（袁文平和周广胜，2004a）。一般而言，干旱的指标应包含以下因素：①合理性：科学的干旱指标首先能够精确地刻画干旱的强度、影响范围和起始时间；②物理性：指标应该包含明确的物理机制，充分考虑降水、蒸发散、径流、渗透以及土壤特性等因素对水分状况的影响；③实用性：关系到干旱指标能否被广泛使用（袁文平和周广胜，2004a）。普遍应用的干旱指数有帕尔默干旱指数（Palmer Drought Severity Index，PDSI）（Palmer，1965）、地表供水指数（Surface Water Supply Index，SWSI）（Shafer 和 Dezman，1982）、标准化降雨指数（Standardized Precipitation Index，SPI）（McKee 等，1993）等。

　　由于干旱的复杂性与差异性，客观判断和评估干旱事件的时空分布特征至关重要，如干旱的持续时间、发生频率、强度变异等。干旱事件是一个多元的事件，其持续时间、强度、等级是相互关联的。以 SPI 干旱指数为例，一个干旱事件可以从以下特征进行描述

（图 1-1）（Dracup 等，1980；Mishra 和 Singh，2010；Mishra 和 Singh，2011）：①干旱开始时间（t_b）：表示水资源短缺时期的开始，即干旱的开始；②干旱终止时间（t_e）：表示水资源短缺达到最严重的时候，干旱状况不再持续发展；③干旱持续时间（D_d）：以年、月、周等不同时间尺度表达持续时间（干旱起始和终止之间的时间间隔），在此期间干旱参数连续低于临界水平；④干旱严重程度（S_d：阴影面积）：表示累计水分亏缺程度（低于临界水平）的干旱参数；⑤干旱强度（I_d）：是低于临界水平的平均值，是干旱严重程度与干旱持续时间的比值。干旱过程中所有持续时间的 SPI 指数为轻旱以上的干旱等级之和，其值越小干旱过程越强。

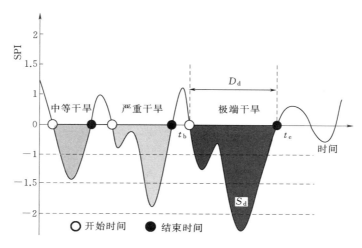

图 1-1　不同等级干旱事件的定义分布图

因此，本书所指的中等干旱、严重干旱和极端干旱事件分别是指一次干旱过程中，最大干旱强度分别达到 SPI 中等干旱等级（$-1.50 <$ SPI $\leqslant -1.00$）、严重干旱等级（$-2.00 <$ SPI $\leqslant -1.50$）、极端干旱等级（SPI $\leqslant -2.00$）的一次完整干旱事件，包含一定的干旱持续时间和强度，是干旱严重程度的综合体现与表达（图 1-1）。

1.2.1.2　陆地生态系统生产力基本概念

陆地生态系统生产力的研究是当前国际地圈—生物圈计划（IGBP）、全球变化与陆地生态系统（GCTE）与《京都议定书》中的重要内容之一（程曼等，2012）。草地生态系统是陆地生态系统最重要的组成部分（Suttie 等，2005），在全球碳循环中占有重要的地位（朴世龙等，2004）。在某种程度上，植被状态的变化能够在全球气候变化研究中充当一定的"指示器"作用，对植被生产力的动态监测能够预测气候变化的基本趋势（张存厚，2013）。草地生态系统生产力是草地生态系统与大气之间进行碳交换的主要途径，主要包括总初级生产力（Gross Primary Production，GPP）、总生态系统呼吸（Total Ecosystem Respiration，TER）［自养呼吸（Autotrophic Respiration，RA）和异养呼吸（Heterotrophic Respiration，HR）］、净初级生产力（Net Primary Production，NPP）、净生态系统生产力（Net Ecosystem Production，NEP）等（Chapin 等，2002；方精云等，2001；田汉勤等，2007）。GPP 指在单位时间单位面积上植物生产的全部有机物，包括同一期间植物的自养呼吸，又称总第一性生产力，决定了进入陆地生态系统的初始物质和能量（方精云等，2001）。NPP 指植被固定的有机物中扣除自身呼吸消耗的部分，即绿色植物在单位时间和空间内所净积累的干物质，这部分用于植被的生长和生殖，又称净第一性生产力，它反映了植物固定和转化光合产物的效率，也决定了可供异养生物利用的物质和能量（方精云等，2001）。净初级生产力还反映了植物群落在自然条件下的生产能力，是一个估算地球承载力和评价陆地生态系统可持续发展的重要生态指标（程曼等，2012）。NEP 指单位时间单位空间内，土壤、凋落物及植物量等整个生态系统的有机物或能量的变化，亦即生态系统净初级生产力与异氧呼吸（土壤及凋落物）之差。它是表征生态系统碳源汇最重要的变量，表示大气 CO_2 进入生态系统净光合产量，受大气 CO_2 浓度和气候条件影响（方精云等，2001）。

1.2.1.3 干旱对草地生产力影响的研究进展

目前，多数研究主要关注气候变化对草地生态系统的影响。从研究对象上看，主要包括气候变化对草地植被、土壤、微生物及整个草地生态系统的影响研究（Thompson 等，2009；范月君等，2012）；从研究内容上看，主要涉及草地的生物酶活性（Henry 等，2005b）、物种组成（Knapp 等，2002）、结构和功能（Shaw 等，2002；Suttle 等，2007）、生物多样性（Thuiller，2007）、草地生产力（Melillo 等，1993）和物候（Trnka 等，2011）、碳循环的动态（Heimann 和 Reichstein，2008；Sitch 等，2007）；从研究范围上看，覆盖了全球的主要草地类型（Morgan 等，2011；Parton 等，1995）。然而，干旱是全球气候变化的主要结果和表现之一，而且近几十年来干旱发生的频率和强度在全球范围内随着全球气候变化的加剧显著提高和增加（Dai，2011；田汉勤等，2007）。IPCC 在其系列评估报告中指出，未来干旱风险有不断增强的趋势（Solomon，2007；Stocker 等，2013）。而且，草地更容易遭受干旱的干扰（Coupland，1958；Knapp 等，2002），所以干旱对草地产生的严重影响还需引起人们更多的关注。干旱对草地生态系统碳循环产生了极大的干扰（Bai 等，2004；Knapp 等，2002；Novick 等，2004），远比温度和降水平均值的改变产生的影响大（Jentsch 和 Beierkuhnlein，2008）。随着气候变化和人类活动的加剧，干旱对草地生态系统碳循环的影响更为复杂（Peters 等，2007；Scott 等，2009；Smith 等，2008）。因此，研究干旱情况下草地碳循环的特征对于维持、稳定和发展整个草地生态系统，理解碳循环动态的控制与反馈机制以及生态系统对全球变化的适应机制具有重要意义。

内蒙古草地是我国温带草地的主体，但是关于干旱对草地生产力影响评估方面的研究比较少，尤其是不同等级干旱的影响研究。目前关于我国温带草原碳循环过程的研究内容主要集中在草原初级生产力、生物量动态、土壤有机碳动态等对气候变化的响应（Yu 等，2010；戴雅婷等，2009）。一些学者基于地面观测气象数据（降水量、平均温度及年蒸散量等）建立了气候生产力模型，比较著名的有周广胜、张新时基于气候因子（辐射干燥度、年净辐射、年降水量）建立的中国自然植被 NPP 回归模型（韩芳，2013；周广胜和张新时，1995）；基于年平均气温、年降水量建立了内蒙古典型草原区 1961—2005 年牧草气候生产潜力的回归分析方程（赵慧颖，2007）。从研究方法上来看，植被生产力的估算主要有地面测量、遥感测量和模型模拟（Zhao 和 Running，2010；韩芳，2013；纪文瑶，2013）。马文红等（2008）利用实际观测的 113 个地面数据、1∶100 万植被类型图和 1∶1400 万《中国土壤质地图》估算了内蒙古温带草原生物量的大小，揭示了其空间分布和地下生物量的垂直分布规律，发现荒漠草原、典型草原和草甸草原的生物量存在显著差异。然而，仅有部分学者研究了干旱对内蒙古草地碳循环的影响。Xiao 等基于 PDSI 和 TEM 模型也发现长期极端长期干旱显著降低了中国草地的 NPP（Xiao 等，2009）。王宏等（2008）利用遥感 NDVI 指数和 SPI 指数研究了荒漠草原、典型草原、草甸草原与干旱气候的线性关系，表明不同类型草原对干旱气候的响应差异显著（王宏等，2008）。目前，鲜有学者系统地分析不同等级干旱和草地生产力之间的定量关系。

1. 干旱对 GPP 影响的研究进展

降水是调节草地植被生长最有影响力的因子（Lauenroth 和 Sala，1992）。在干旱期间，生产力的变化程度取决于植物对获取有效水分的生理响应（Meir 等，2008）和植被结构的变化（Fisher 等，2007）。植被生产力对不同等级干旱具有不同的响应：在轻度干旱下，光合有效辐射（PAR）增强，伴随的高温度和较长的生长季增加了 NPP；在持续的极端干旱期，水分成为植物生长的限制因子，干旱的负面影响抵消了较高的 PAR，即更高的温度或生长季延长的增强效果（Nemani 等，2003）。Guo 等研究了内蒙古草原地上净初级生产力沿着气候梯度的空间变异，结果发现降水的季节变化显著影响 ANPP 的大小（Guo 等，2012）。Peng 等发现年降水量、季节分配、频率显著调控着内蒙古草地碳循环的基本过程（Peng 等，2013）。

Molen 等系统地探讨了干旱的频率、持续时间和等级对 GPP 的影响，发现干旱对 GPP 的影响具有直接和滞后效应（Van der Molen 等，2011）。从短期来看，在干旱状态下，植被光合能力下降，生产力严重减少（Schwalm 等，2012）。Zhao 等采用 PDSI 干旱指数进行干旱识别，基于 MODIS NPP 数据评价了全球干旱对 NPP 的影响，发现干旱减少了全球 0.55Pg 的碳（Zhao 和 Running，2010）。在内蒙古羊草草原，一些研究者发现干旱显著降低了植被的相对生长速率和光能利用率（Xu 等，2009）。然而在干旱季节，部分学者对爱尔兰草原、巴西稀树草原、北美混合大草原和非洲稀树草原的研究发现，干旱初期植被水分利用效率提高，使得植被的光合作用增强，GPP 和 NPP 上升（Jaksic 等，2006；Miranda 等，1997；Scott 等，2010）。从长期来看，一些学者的研究表明 GPP 对干旱的响应具有一定的滞后性（Reichstein 等，2013；Yahdjian 和 Sala，2006），这种滞后效应由干旱的强度和持续时间决定（Scott 等，2009）。GPP 对干旱的初步响应结束后，仍然会影响生态系统的碳动态，可能由于植被对干旱产生记忆效应而产生混乱响应（Walter 等，2011），从长期来看，可能导致 GPP 有多个响应状态（Van der Molen 等，2011）。因此干旱对内蒙古生产力影响的不确定性主要是由干旱强度、持续时间和影响面积以及植被对降水亏缺的累积和滞后效应共同决定的（Pei 等，2013）。

2. 干旱对 TER 影响的研究进展

草地生态系统的生物地球化学循环过程主要在土壤中完成（Smith 等，2008）。土壤呼吸约占生态系统呼吸的 70%（Hunt 等，2004；Suseela 等，2012）。碳的释放是可利用水分和温度的非线性函数（Meir 等，2008）。就草原生态系统而言，植物根系和土壤微生物呼吸速率及其季节变化主要受土壤温度和水分条件的控制（钟华平等，2005）。当土壤水分亏缺成为胁迫因子时，水分可能取代温度而成为影响土壤呼吸的主要控制因子（Falloon 等，2011；张东秋等，2005）。

在干旱期间，植物光合速率的降低减少了微生物呼吸底物的供应（Hartley 等，2006），限制微生物呼吸和根系呼吸，最终导致土壤呼吸强度减弱（Wang 等，2014）。李明峰等利用静态暗箱法研究了极端干旱对内蒙古锡林河流域的草甸草原、羊草草原、大针茅草原等典型温带草地生态系统碳排放的影响，发现干旱显著减少了碳排放，而且表现出递减趋势（李明峰等，2004）。Raich 等研究表明降水与土壤呼吸成正比，降水减少所引起的干旱效应势必会降低土壤呼吸排放进入大气的 CO_2（Raich 等，2002），而且土壤呼吸对降水的响应具有一定的滞后性（Fierer 和 Schimel，2002）。然而，部分学者发现在干旱期间土壤有机质（SOM）分解率降低和凋落物增加可能会导致 SOM 的积累异常（Martí-Roura 等，2011；Scott 等，2009）。在历经干旱之后，微生物活性增加可能导致累积的 SOM 出现分解的波峰（Huxman 等，2004c）。Molen 等回顾了干旱的频率、持续时间和等级对生态系统呼吸的影响，表明干旱对生态呼吸的影响具有直接和滞后效应（Van der Molen 等，2011）。

3. 干旱对碳源汇影响的研究进展

干旱主要通过改变草地生态系统光合作用对碳的吸收率（GPP）和生态系统总呼吸（TER）对碳的释放率以及二者之间的耦合作用直接影响草地碳收支的平衡（Pereira 等，2007）。随着干旱的不断加剧，草原碳库和草原碳汇的作用将变得越来越难以维护，具有较高的时空变化和气候变异性（Ciais 等，2005；Soussana 和 Lüscher，2007）。Xiao 发现严重持续干旱显著影响着中国草地生态系统碳循环，草地生态系统数十年累积的碳库可能被一场严重干旱抵消（Xiao 等，2009），而且不同类型草地生态系统对干旱的抵抗能力不同（Koerner，2012）。

目前，草地在干旱时的碳汇/源功能主要有几种观点：①草地在干旱时表现为碳汇功能，即在干旱初期植被水分利用效率提高，GPP 和 NPP 上升，生态系统呼吸保持不变或下降，草地依然是碳汇（Baldocchi 和 Ryu，2011；Hussain 等，2011；Mirzaei 等，2008；Scott 等，2010；Signarbieux 和 Feller，2012）；②一些研究报道在干旱条件下增加了草地 CO_2 的排放，使草地从碳汇转换为碳源（Zhang 等，2014），即在干旱期间，GPP 和 TER 都减少，而在短期内 GPP 的下降往往大于生态系统呼吸的减少（Jongen 等，2011；Reichstein 等，2007）；③还有一部分研究认为草地生态系统在干旱时处于碳收支平衡状态，即干旱虽然可以大幅度减少地上生产力（AGP）和土壤水，但未对地下生产力（BGP）造成显著影响，庞大的地下根系（BGP 是 AGP 的近 9 倍）未遭到严重破坏，AGP 在干旱后能够迅速恢复，原有物种组成的群落未转变为更能适应干旱的群落，通过一段时间恢复到了干旱前的状态，草地基本处于碳收支平衡状态（Shinoda 等，2010）。

综上所述，干旱对草地生产力影响的定量研究相对较少，干旱对草地生产力的作用究竟是增强还是减弱还未有明确的定论，尤其是对内蒙古温带草原生产力的研究还需进一步深入。从干旱的严重程度来看，目前不同等级干旱对草原生产力影响的研究相对薄弱，不同等级干旱与生产力变化之间的定量关系还不明确，而且一些草地碳循环的研究忽略了不同草地类型对环境变化响应的差异，因此无法系统地揭示内蒙古草地生态系统碳循环的基本过程。

1.2.2 干旱对草地生产力影响的研究方法

利用野外实验或生态过程模型模拟的手段可以控制研究条件，设计单因子敏感性控制试验或多因子交互作用试验，识别并确定关键因子及多因子之间的相互作用，从而分析环境因子的独立效应与敏感程度，有助于理解碳通量的时空变化规律（Norby 和 Luo，2004；Tian 等，1999）。干旱通过与其他环境因子（如 CO_2 浓度、温度）的相互作用会扩大或减少它对碳通量和蓄积量的影响（Luo 等，2008），故研究干旱单一因子对草地碳循环影响的研究手段主要包括 3 种：降水控制实验、遥感实时监测和模型模拟（田汉勤等，2007）。

（1）降水控制实验。在全球范围内已开展了大量的诱导实验，通过减少降水量形成干旱效应研究干旱对草地碳循环的影响，如美国堪萨斯州 Konza Prairie 长期定位试验站和加拿大北部草原生态系统布置的降水控制实验（Knapp 等，2002；Laporte 等，2002）。一些学者在北美的高杆大草原进行降水控制实验，当降水量减少 30％时土壤 CO_2 通量降低 8％，改变降水时机（延长 50％降水间隔同时增大降水强度）土壤 CO_2 通量降低 13％，二者耦合时土壤 CO_2 通量降低 20％（Harper 等，2005）。

（2）遥感实时监测。该方法主要是通过实时获取的遥感数据，分析严重干旱对碳循环的影响。Zhao 等采用 PDSI 干旱指数进行干旱识别，基于 MODIS NPP 数据评价了全球干旱对 NPP 的影响，指出干旱减少了全球 0.55Pg 的碳（Zhao 和 Running，2010）。

（3）模型模拟。模型模拟是基于生态过程模型，把减少降水或温度、降水共同改变的气候状况设为干旱条件来研究陆地生态系统生产力的响应（田汉勤等，2007）。Tian 等将不同气候因子试验作为 TEM 模型的输入数据，分析了干旱对美国陆地生态系统的影响，发现受降水和温度交互影响的干旱可以显著降低生态系统的碳汇功能（Tian 等，1999）。Chen 等通过生态过程模型（DLEM）设计了 3 种模拟实验，刻画了不同单一因子对 NPP 和 NCE 的影响贡献，辨析了干旱对生态系统生产力产生的真实影响（Chen 等，2012）。Luo 通过四个植被动态模型发现降水和温度的相互作用扩大了单一因子对生态系统碳通量的影响（Luo 等，2008）。Norby 和 Luo 在生态系统对多因子环境的响应研究中评述了生态过程模型对定量单因子或多因子交互作用的重要性，同时指出模型—数据的融合为研究气候变化的影响提供了一种比较有效的手段（Norby 和 Luo，2004）。

实验方法适用于野外观测，直接、明确，技术简单，可以对各种环境因素加以控制，为分析干旱对植被碳水循环过程的影响提供了多情景结果的对比，也为模型验证和参数优化提供数据，但时间尺度较短，只能在小范围内开展，无法扩展到大区域尺度应用。遥感监测的优势在于大面积实时监测，能准确认识区域碳源汇强度及其时空分布特征。然而利用遥感手段仅能从表面上了解生态系统的变化，无法深入了解不同草地生态系统内部过程对干旱的响应，机理性较差，时间尺度相对较短，空间分辨率相对粗糙——而这正是模型方法的优点，方便研究者设定不同的研究目的，创造实际试验中难以达到的条件估算多模拟变量，研究大尺度格局上草地生态系统对干旱的响应和适应性。尤其在实验缺乏的区域，模型—数据融合的模拟方法为研究单一因子对碳循环的影响提供了一种比较有效的途径。

1.2.3 研究的必要性

综上所述，草地生产力的干旱效应研究是当前生态和灾害领域研究的热点与前沿问题。目前干旱对草原生态系统生产力的研究仍存在以下几方面的问题亟待解决。

（1）关于干旱对内蒙古温带草原生产力的作用还不明晰，研究还相对薄弱，系统地探讨不同等级干旱对不同草地类型的影响评估及其影响差异的研究较为缺乏。考虑不同等级干旱对生态系统造成影响的差异，要从不同时空尺度定量辨析不同等级干旱事件对草地生产力产生的不同影响，但目前干旱对草地生产力影响的研究忽略了不同草地类型对环境变化响应的差异，因此无法系统地揭示草地生态系统碳循环的基本过程。

（2）大多数研究关注全球变化对陆地生态系统碳循环的影响，未剥离干旱与其他气候因子（如温度和降水）对生态系统的交互影响，而系统地研究单一干旱因子对草地生产力的净影响未受到足够重视。目前大多数研究仅关注一次干旱事件的影响，而在不同空间尺度上从较长时间尺度系统探讨过去几十年干旱对草地碳收支的净影响还需要进行更深入的研究。

针对上述问题，本书以干旱指数和生态过程模型为工具，以 NPP 为评价指标，在区域模型校准的基础上模拟近 50 年内蒙古草原生产力变化，基于干旱指数识别内蒙古温带草原干旱的时空特征，分析了不同等级干旱对不同草原类型生产力的影响及区域差异，揭示了干旱对草地生产力的影响规律，以便加强对草原生态系统碳循环干扰的认识，同时为我国气候变化和碳排放的国际谈判提供科学依据，为我国碳收支的准确评估和草原碳增汇减排对策的制定提供参考。

1.3 研究思路和框架

1.3.1 研究目标

本书以内蒙古温带草原生态系统为研究对象，以 NPP 为评价指标，基于野外通量观测和模型模拟等主要研究手段，探讨近 50 年内蒙古温带草原生产力的时空特征，研究不同等级干旱对不同草原类型生产力的定量影响及规律，定量评估近 50 年历史单一干旱对内蒙古温带草原生产力的影响，以便加深对草地生态系统碳循环的认识，为全球和区域碳收支的准确评估和草原生态系统的可持续发展与科学管理提供有益的参考。

1.3.2 研究内容

1. 近 50 年内蒙古温带草原生产力变化

本书基于野外实测和文献数据，对 Biome-BGC 模型的生理生态参数进行校准，对模型模拟结果进行验证；在 Biome-BGC 模型本地化的基础上，研究近 50 年内蒙古温带草原的碳通量的时空变化特征。具体研究内容如下。

（1）依据野外站点实测和文献资料数据，对 Biome-BGC 模型的不同草原类型生理生态参数进行校准，并结合通量数据对模型进行区域验证。

（2）利用 Biome - BGC 模型研究近 50 年不同草原类型 NPP 的变化特征，探索 NPP 的时间变化特征和空间差异。

2. 干旱事件对内蒙古草原生产力影响的定量评估

本书基于 SPI 干旱指数识别近 50 年内蒙古温带草原区的干旱事件，结合 Biome - BGC 模型模拟的草原生产力数据，定量评价不同等级干旱事件对不同草原类型生产力影响的时空差异，揭示干旱对碳循环过程的影响差异。具体研究内容如下。

（1）研究近 50 年内蒙古温带草原分布区干旱的时空格局，识别内蒙古温带草原典型干旱事件、不同等级干旱特征的时空分布。

（2）以正常年份生产力的平均状态为评价标准，构建干旱对草地生产力影响的量化评估方法。

（3）基于点和区域尺度分析典型干旱事件对不同草原类型 NPP 的定量影响及其响应关系，探讨干旱对草原生态系统生产力影响差异。

3. 近 50 年干旱对内蒙古温带草原生产力的影响研究

为了消除历史气候变化等全球变化因子对生产力的影响，本书基于不同情景模拟实验，以 NPP 为评价指标，通过层层定量分析厘清干旱单一气候因子对内蒙古草原 NPP 的净影响，辨识近 50 年历史干旱对内蒙古草原生产力影响的格局，揭示不同草原类型对干旱的响应差异，具体研究内容如下。

（1）基于 Biome - BGC 模型模拟不同气候变化情景下的近 50 年内蒙古温带草原 NPP 的变化，辨析不同气候因子变化对生产力的定量影响。

（2）以不同空间尺度研究历史单一干旱对不同草原类型生产力的总收支的定量影响，刻画干旱对内蒙古温带草原碳总收支的影响差异。

本书研究的思路和技术路线如图 1 - 2 所示。

1.3.3　本书框架

本书共分为 7 章，每章主要研究内容如下。

第 1 章：绪论。主要对研究的背景与意义以及目前的研究进展，并对本书研究目标、主要研究内容和框架进行了简要介绍。

第 2 章：研究区、数据与方法。首先介绍内蒙古温带草原研究区概况；其次介绍了干旱指数、生态过程模型、干旱影响评估验证所需站点和栅格气象观测数据、通量站点观测数据和文献资料数据的获取及其预处理；最后介绍了干旱对草地生产力影响的分析方法。

第 3 章：Biome - BGC 参数模型优化及生产力模拟。本章主要基于野外实测数据和通量观测数据，结合生态过程模型 Biome - BGC 研究了近 50 年内蒙古温带草原生态系统 NPP 的时空特征。在不同草地群落生理生态参数化和敏感性分析的基础上，基于野外实测、通量观测和文献数据对 Biome - BGC 模型进行校准和模拟结果验证；利用校准的 Biome - BGC 模型模拟内蒙古不同草地类型近 50 年的生产力变化。

第 4 章：干旱事件对草地生产力影响的量化方法。探讨了不同等级干旱事件对草地生产力的定量影响。对当前干旱影响评估方法进行回顾，提出了新的干旱对生产力影响的评

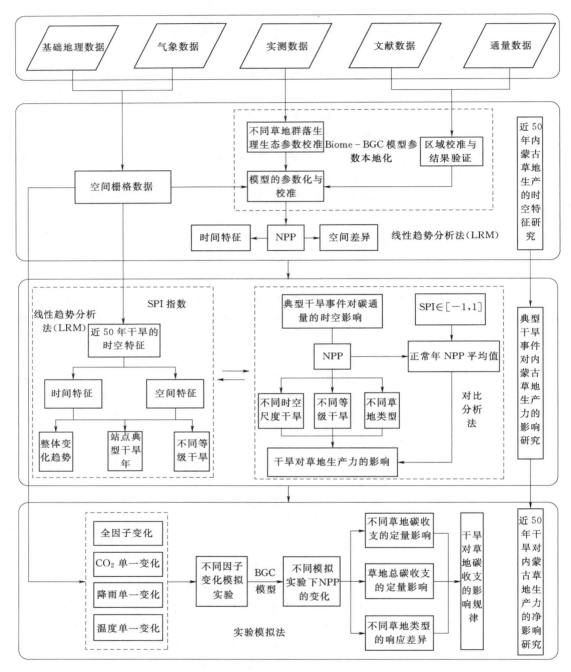

图 1-2 本书研究技术路线图

估标准。结合 SPI 干旱指数识别的不同等级干旱事件，从点和区域尺度上评估干旱对不同草地类型生产力的影响。

第 5 章：区域干旱事件对草地 NPP 的影响评估。首先分析了近 50 年干旱的时空变化特征；其次分析了草地 NPP 变化与干旱指数（SPI）的相关性；最后研究了近 50 年不同等级干旱事件对草地造成的平均影响，理清了不同等级干旱与不同类型草地生产力的响应关系，为定量分析干旱对草地生态系统的影响提供科学参考。

第 6 章：近 50 年干旱对草地生产力的净影响。本章分析了近 50 年所有干旱事件对草地生产力的总影响，通过不同因子模拟实验进行干旱条件的设计，将全气候因子（降水、温度）和 CO_2 浓度历史某一时间真实值、降水（其他因子取平均）变化、温度（其他因子取平均）变化三种不同情景数据分别输入 Biome - BGC 模型模拟近 50 年内蒙古草地 NPP 的变化，识别不同情景下内蒙古草地 NPP 的变化差异。

第 7 章：结论、创新、问题与展望。就本书前几章的研究作简单总结，并根据已有信息作出展望。

第 2 章

研究区、数据与方法

草地生态系统在生态系统碳水循环中发挥重要作用，草地约占地球陆表面积的40.5%，存储了约34%的陆地生态系统碳储量。在中国，草地是个巨大的碳库，植被碳储量为（226.0±13.27）TgC，在中国陆地生态系统碳循环中扮演着重要角色。内蒙古草原位于生态脆弱带上，对气候和环境的变化反应十分敏感，内蒙古草地生态系统比较容易遭受干旱的干扰和影响，是研究干旱对草地生态系统影响的理想场所。

2.1 研究区概况

内蒙古草原是我国北方温带草原的主体，其中天然草地面积为8666.7万 hm²，约占我国草原总面积的25%。内蒙古草原辽阔无际，自东向西主要有呼伦贝尔草原、科尔沁草原等草甸草原，锡林郭勒草原、乌兰察布草原等典型草原以及鄂尔多斯半荒漠草原和阿拉善等荒漠草原，覆盖了我国内蒙古自治区土地面积的67.5%，是中国最大的天然牧场之一，在中国草地及畜牧业生产中占有极为重要的地位，对维持区域发展及生态平衡具有重要意义（陈辰等，2012）。本小节简要介绍内蒙古自治区的地理位置与地形地貌、气候概况、水文、土壤与植被、干旱概况。

2.1.1 地理位置与地形地貌

内蒙古草原地处欧亚大陆草原带中部（位处东经 97°12′～126°04′，北纬 37°24′～53°23′），位于中国北部边陲，南北长度约为1700km，东西长度约为2400km，总面积约为118.3×10⁴km²，占中国国土土地面积的12.3%，居全国第3位；北接蒙古国、俄罗斯，东、南、西方向主要与黑龙江、吉林、辽宁、河北、山西、陕西、宁夏和甘肃8省（自治区）毗邻，靠近京津地区，地理位置十分重要。

内蒙古自治区地形坦荡，由呼伦贝尔高原、锡林郭勒高原和鄂尔多斯高原以及嫩江西岸平原、西辽河平原、河套平原等组成，是中国第二大高原区，大部分地区海拔高度在

1000m 以上，地势西高东低，南高北低。地形地貌由东向西或从南向北呈现平原、山地与高平原接壤镶嵌排列的带状分布，反映出大地构造形迹，并影响水热条件在地表的再分配，形成独特的自然和资源条件。东部平原至大兴安岭和苏克斜鲁山，中部由阴山山脉与贺兰山接连形成一条弧形山脉，西至马鬃山，南临祁连山麓和长城，成为内蒙古一条重要的天然界线。

2.1.2 气候特征

内蒙古自治区横跨半湿润、半干旱和干旱 3 个气候区，属于典型的温带大陆性季风气候。从空间分布上看，温度呈现从西南向东北递减的趋势，降水却呈现从西南向东北递增的趋势，干旱程度逐渐减弱（李成树，2011）。全区年均温为 $-5 \sim 9℃$，年降水量为 $150 \sim 500mm$。从时间分布上来看，内蒙古自治区冬春少雨雪，降水集中在 5—9 月，降水变率大。内蒙古地处高中纬度区，大部分地区远离海洋，地势高燥，气温年际变化显著，温差大。

2.1.3 水文条件

内蒙古草原属内陆流域，共有大小河流 1000 余条，无较大河流，河流短小、稀少，流域范围较小，水资源相对缺乏。内陆河多为间歇性河流，雨季河水相对丰沛甚至有洪流，非雨季相对干枯。内蒙古高原是中国湖泊较多的地区之一，其中面积比较大的有达赉湖和贝尔湖。根据全区第二次水资源规划报告，内蒙古河水资源总量约 545.95 亿 m^3，地下水总量超过 230 亿 m^3，其中地表水可利用量 169.69 亿 m^3，地下水可开采量 120.69 亿 m^3（李晶，2010）。内蒙古水资源 82% 在东部，西部地区比较缺水。

2.1.4 土壤植被状况

草地是内蒙古主要的天然植被。受地貌、气候、土壤等自然因素的影响，内蒙古草原具有明显的地带性，从东到西相应分布着温带草甸草原、温带草原和温带荒漠草原等草地类型，相应地分布着黑钙土、栗钙土和棕钙土 3 种土壤类型（马文红等，2008）。其中，草甸草原集中分布在东部大兴安岭山麓的半湿润区，约占内蒙古草地总面积的 11%，年降雨量 $300 \sim 600mm$，年平均温度 $2 \sim 5℃$（Sui 和 Zhou，2013）。以多年生旱生、中旱生植物占优势为主，主要优势植物有贝加尔针茅（*Stipa Baicalensis*）、线叶菊（*Filifolium Sibiricum*）、羊草（*Leymus Chinensis*），返青期在 5 月初，9 月中下旬枯落（莫志鸿等，2012）。典型草原位于大兴安岭东南部，呼伦贝尔西部、锡林郭勒中部以及阴山以南的中东部地区，约占内蒙古天然草地总面积的 35%，年降雨量 $200 \sim 400mm$，年平均温度 $0 \sim 8℃$（Sui 和 Zhou，2013）。主要由典型的旱生性多年生草本植物组成，优势物种包括大针茅（*S. Grandis*）、克氏针茅（*S. Kryovii*）、羊草（*Leymus Chinensis*）、本氏针茅（*S. Bungeana*）等，生长季从 4 月底至 10 月初，约 150d（齐玉春等，2005）。而荒漠草原主要分布在锡林郭勒西部至鄂尔多斯台地西缘以及阿拉善高原，约占内蒙古草地总面积的 11%，年降雨量 $0 \sim 200mm$，年平均温度 $5 \sim 10℃$（Sui 和 Zhou，2013）。主要由旱生性更强的多年生矮小草本植物组成，其主要优势种为小针茅（*S. Klemenzii*）、沙生针茅（*S. Glareosa*）、短花针茅（*S. Breviflora*）等（廖国藩等，1996；马文红等，2008），生长季为 5—9 月（莫志鸿等，2012）。

2.1.5　干旱特征

内蒙古高原位于东亚季风气候区和大陆性气候区的边缘，同时受东亚季风和西风环流的影响（张美杰，2012）。冬春季受西伯利亚—蒙古高压的影响，寒冷干燥；夏季受东亚季风的控制，高温多雨，雨热同期，而且区域降水量的大小夏季风的起始时间、强度以及持续时间等要素的控制。因此，内蒙古地区降水具有年际变化剧烈、区域差异显著、时空分布不均衡的降水特征。在降水少、水资源相对贫乏、自然植被状况差、多风天气、辐射强、热量高、蒸发剧烈及大气环境异常等多种因素的综合影响下，干旱已成为当地草地生态系统的主要威胁（张美杰，2012）。

内蒙古温带草原 80％ 以上的区域处于干旱和半干旱区，干旱强度大且较为频繁，持续时间长，影响的范围大（伏玉玲等，2006），对内蒙古草原生态系统碳循环产生了严重的影响（陈佐忠等，2003；李兴华等，2014）。根据《内蒙古水旱灾害》记载，500 多年来，内蒙古干旱频发。近年来，受气候变化的影响，内蒙古的干旱灾害发生得更加频繁，周期缩短，持续时间长，灾情重（刘春晖，2013）。内蒙古中西部的干旱频率高于东部且明显向东扩展，呈现"十年九旱""三年两中旱""五年一大旱"的特征，相比东部"三年两旱""七年一大旱"的特征，全区域性大旱每十年发生一次（张美杰，2012）。由于春季降水量占年降水量的 12％ 左右，不能满足植被的生长需要，几乎每年都要发生春节干旱（李晶，2010）。历史上，1962 年、1965 年、1980 年、1982 年、1997 年、1999 年都是比较严重的干旱年（张美杰，2012）。自从 2000 年以来，内蒙古草原连续 10 年都有干旱出现，其中 2003 年和 2009 年的干旱最为严重。内蒙古常常发生连旱，大部分地区出现 2～5 年连续干旱，具体情况见表 2-1（李晶，2010；张美杰，2012）。因此，内蒙古草原是研究真实干旱事件影响的理想场地。

表 2-1　　　　　　　　　　1950—2014 年内蒙古草原重大干旱事件表

连续干旱年数	2 年	3 年	4 年	5 年
发生时间	1951—1952 年	1963—1965 年	1953—1956 年	1971—1975 年
	2003—2004 年	1999—2001 年	1965—1968 年	
	2006—2007 年		1980—1983 年	
			1986—1989 年	

2.2　数据及预处理

本书基于生态过程模型和 SPI 干旱监测指数开展干旱对内蒙古草地生产力影响的定量评估研究，研究所需的数据详见表 2-2。

表 2-2 本书所用数据列表

数据名称	数 据 内 容	用途	来 源
气象数据	1960—2009 年日值气象数据（日最高温度、最低温度、平均温度、降雨量、平均水汽压差、平均短波辐射通量密度和昼长）；1961—2012 年栅格日和月值数据（0.25℃×0.25℃）	模型驱动和 SPI 计算	中国气象科学数据共享服务网 http：//cdc. nmic. cn
土壤属性数据	土壤砂粒、壤粒和黏粒含量，有效土壤深度	模型驱动	中国西部寒区旱区科学数据共享中心 http：//westdc. westgis. ac. c/
植被类型数据	中国 1：100 万植被数据中的温带草甸、典型和荒漠草原类型	模型驱动	地球系统科学数据共享网 http：//www. geodata. cn/
氮沉降数据	1980—2010 年中国氮沉降水平数据	模型驱动	文献资料（Liu 等，2013）NOAA-ESRL annual data
CO₂ 浓度数据	1959—2011 年全球 CO_2 浓度年值	模型驱动	ftp：//ftp. cmdl. noaa. gov/ccg/co2/trends/co2_annmean_mlo. txt
通量观测数据	GPP、Re、NEE、ET	模型校准与验证	ChinaFLUX、COIRAS、文献资料（Sui 和 Zhou，2013）
实测和文献数据	NPP 月、年值；生物量数据	模型校准与验证；评估结果验证	内蒙古牧业气象站（张存厚，2013；张存厚等，2013）、橡树岭实验室、文献资料（李镇清等，2003）
生理生态参数	叶片碳氮比、叶和根凋落物中易分解物质、纤维素、木质素比例、SLA、最大气孔导度等参数	模型校准	文献资料（董明伟和喻梅，2008；孔庆馥等，1990）

2.2.1 气象数据

生态过程模型所需的气象数据以日为单位，包括最高温度（T_{max}，℃）、最低温度（T_{min}，℃）、平均温度（T_{avg}，℃）、降水量（Prec，cm）、饱和水蒸气压差（VPD，Pa）、短波辐射通量密度（S_{rad}，W/m²）、日照长度（Daylen，sec）。SPI 指数计算需要月值的降雨量数据。1961—2012 年栅格日和月值数据分别用于驱动生态过程模型和 SPI 干旱监测指数。

本书所需的内蒙古草原各站点 1960—2009 年日值气象数据来源于中国气象科学数据共享服务网（http：//cdc. nmic. cn）。首先对数据进行连续性情况检查，删除不完整或缺测比较严重的站点，经过筛选合格站点总共有 40 个。

由于日值气象数据中无短波辐射通量密度和日照长度数据，这些气象要素由 Biome-BGC 自带的山地小气候模拟模型（MT-CLIM：Mountain Micmclimate Simulation Model）进行时间和空间上的推算（Running 等，1987）。MT-CLIM 模型只需输入日降雨量、日最高气温、日最低气温，便可模拟日尺度的平均气温、短波辐射通量密度和日照长度数据，在全球范围得到广泛应用（Thornton 等，2000；Thornton 和 Running，1999）。温度主要影响植被生理与物理反应速率，如光合作用、分解过程、维持性呼吸与蒸发散作用。根据 T_{max}、T_{min}、T_{avg}，Biome-BGC 按照式（2-1）和式（2-2）进行白天均温（T_{day}）、夜间均温（T_{night}）的计算。

$$T_{day} = 0.45(T_{max} - T_{min}) + T_{max} \tag{2-1}$$

$$T_{night} = \frac{T_{day} + T_{min}}{2} \tag{2-2}$$

　　降水量（Precipitation）包括降雨与降雪，用于计算植物的截留与进入土壤的水量、土壤水势能。土壤水势能影响气孔导度的大小，进而左右蒸散作用与光合作用的速率。饱和水蒸气压差（Vapor Pressure Deficit，VPD）是指目前空气的实际水蒸气压与相同温度下的饱和水蒸气压之间的差。饱和水蒸气压（VPD_{sat}，Pa）随当时的温度（T，℃）而变动，空气实际的水蒸气压（VPD_{air}，Pa）则可由相对湿度（RH）与饱和水蒸气压按照式（2-3）和式（2-4）计算而得。

$$VPD_{sat} = 0.61078 \exp\left(\frac{17.269T}{237.3 + T}\right) \times 1000 \tag{2-3}$$

$$VPD_{air} = RH \cdot VPD_{sat} \tag{2-4}$$

　　当 VPD 较大时，表示空气中尚能容纳较多的水蒸气，有利于蒸发作用。对植物而言，VPD 过大时，表示空气非常干燥，植物为避免因蒸散作用流失过多水分，会倾向缩小气孔；而气孔也是 CO_2 进出的通道，从而影响植物的固碳能力。

　　短波辐射是指波长介于 300 到 3000nm 之间的太阳辐射，在 Biome-BGC 中是驱动系统中物质流动的能量，与碳、水的收支关系密切。来自太阳的短波辐射（Daylight Average Shortwave Flux，RS，W/m^2）照射到地表，一部分会被地表物质反射，反射的比率称为反照率（Albedo，α）；剩余的部分进入生态系统中。当辐射通过冠层时，会被冠层吸收，若将冠层视为均质环境，则可以比尔定律按照式（2-5）和式（2-6）来计算被冠层吸收的辐射量。

$$R_{st} = R_s(1 - \alpha) \tag{2-5}$$

$$R_{sc} = R_{st}[1 - \exp(-k_{light}L_p)] \tag{2-6}$$

式中　R_{st}——进入生态系统中的短波辐射；

　　　R_{sc}——被冠层所吸收的辐射量；

　　k_{light}——光衰减系数；

　　　L_p——投影叶面积指数（Projected Leaf Area Index），是指单位土地面积上植物的总叶面积。

　　在 Biome-BGC 模型中，光补偿点是刻画植物作用环境的一个量值，与植被类型关系密切，是气孔开合、蒸腾、净光合作用为正的临界点，由它确定的日长一般为日出到日落时间段的 85%。

　　本书采用的 1961—2012 年栅格气象数据来自中国气象局官网。该数据集是基于 2400 余个中国地面气象台站的观测资料，通过 ANUSPLIN 软件插值使用薄板样条方法构建的一套 $0.25° \times 0.25°$ 经纬度分辨率的格点化数据集（CN05.1），包括日均、最高和最低气温、降水 4 个气象要素（Giorgi，2009；吴佳和高学杰，2013）。这是国内目前比较好的一套气象数据集，插值精度高，可靠性较好。同时由于本书的研究区下垫面相对比较均一，尽管数据集空间分辨率低，但依然能够满足本书的研究需要。

2.2.2 土壤数据

土壤数据是生态模型的输入参数之一。本书采用的土壤属性数据来源于西部寒区旱区数据共享平台生产的中国土壤数据集（V1.1）。该土壤数据集是基于联合国粮农组织（FAO）和维也纳国际应用系统研究所（IIASA）建立的世界土壤数据库（Harmonized World Soil Database Version 1.1）（HWSD）以及第二次全国土地调查时南京土壤所提供的 1：100 万土壤数据进行构建的。数据为 grid 栅格格式，主要采用的土壤分类系统为 FAO - 90。

2.2.3 植被类型数据

本书使用的植被类型数据来源于地球系统科学数据共享网的中国 1：100 万植被数据集。本数据集由著名的植被生态学家侯学煜院士主编，中国科学院、相关部委及各省区相关部门、高等院校等 53 个单位共同编制的《1：1000000 中国植被图集》，是目前对中国植被分布状况统计比较准确的数据集。本书从该数据集中提取内蒙古草甸、典型和荒漠草原的分布情况。

2.2.4 通量观测数据

通量观测实验是目前研究碳水循环长时间连续观测主流的手段之一。当前，中国通量观测网主要有中国生态系统定位观测研究网络（ChinaFLUX）、中国北方干旱半干旱区协同观测数据库（COIRAS）以及其他单位的实验观测站点。通量观测是以微气象学的涡度相关技术和箱式/气相色谱法为主要技术手段，对森林、草地、湿地、农田等不同陆地生态系统与大气间 CO_2、水汽、能量通量的日、季节、年际变化进行长期固定观测研究的网络点。本书使用的通量站点主要分布在内蒙古草原，站点信息见表 2-3。

表 2-3 通量站点及野外实验站点详情

草地类型	站点名	站点位置	高程/m	时间尺度/年	数据来源	用途
草甸草原	通榆通量站	44°42′N，122°87′E	184	2004—2007	COIRAS	校准模型
	兴安盟试验点	46°10′N，123°00′E	191	1981—1990	美国橡树岭国家实验室 ORNL（Oak Ridge National Laboratory）	干旱评估结果验证
	海拉尔试验点	49°22′N，119°75′E	610.2	1989—2005	文献生物量（马瑞芳，2007）	校准模型
典型草原	锡林浩特通量站	43°55′N，116°67′E	1125	2003—2007	ChinaFLUX 和文献资料（Hao 等，2010；Wu 等，2008；王永芬等，2008）	校准模型
	锡林郭勒通量站	43°63′N，116°70′E	1100	2004—2005	ChinaFLUX 和文献资料（李镇清等，2003）	干旱评估结果验证

续表

草地类型	站点名	站点位置	高程/m	时间尺度/年	数据来源	用途
典型草原	锡林浩特试验站	43°72′N，116°63′E	1200	1980—1989	美国橡树岭国家实验室（ORNL）	干旱评估结果验证
	锡林浩特试验点	43°95′N，116°12′E	1063	1982—2006	文献生物量（马瑞芳，2007）	校准模型
荒漠草原	苏尼特左旗通量站	44°08′N，113°57′E	970	2008—2009	COIRAS 和文献资料（Yang 等，2011；Zhang 等，2012a）	校准模型
	内蒙古乌盟达茂旗试验点	42°09′N，110°61′E	1210	1983—1994	中国草地资源信息系统实测数据	干旱评估结果验证
	乌拉特中旗试验点	41°56′N，108°52′E	1288	1980—2006	文献生物量（马瑞芳，2007）	校准模型

本书使用的通量观测站主要有通榆站（草甸草原）、锡林浩特和锡林郭勒站（典型草原）和苏尼特左旗站（荒漠草原）。通榆通量站隶属于北方干旱半干旱地区协同观测网，是由中国科学院大气物理研究所东亚区域气候环境重点实验室等单位共同建立的长期定位观测站。通榆站位于吉林省白城市通榆县新华镇内（44°25′N，122°52′E），属于典型半干旱区，地形开阔平坦。实验区建立了针对半干旱区农田和退化草地生态系统的 2 个观测点，其中退化草地站占地 800 多亩，代表了草甸草原植被类型（王超，2006）。通榆站为北方干旱化趋势预测、影响评估和对策研究提供第一手科学观测资料，同时也为有序人类活动的开展及生态效应评估提供了实验平台（刘辉志等，2004）。锡林浩特和锡林郭勒站属于中国陆地生态系统通量观测研究网络（China FLUX）。锡林浩特通量观测站位于锡林浩特国家气候观象台野外实验研究基地（44°08′N，116°18′E），地势平坦开阔。锡林郭勒温性典型草原通量观测站位于内蒙古自治区锡林郭勒盟白音锡勒牧场中国科学院内蒙古草原生态系统定位研究站长期围封的羊草样地（43°32′N，116°40′E），属于中国生态研究网络及中国科学院内蒙古草原生态系统定位研究站，代表了内蒙古温性典型草原中羊草草原生态类型。苏尼特左旗站（44°05′N，113°34′E），又称东苏站，也隶属于北方干旱半干旱地区协同观测网，位于苏尼特左旗县，自 2007 年开始禁牧，草地植被高度一般在 0.20～0.35m，是温带荒漠化草原的代表站（Yang 和 Zhou，2013）。

2.3 研究方法

本书采用通量观测、野外测量技术和生态模型等多种手段有机结合的方法，研究干旱对草原生态系统碳循环的影响。通量观测数据与生态过程模型相结合估算不同时空尺度碳水通量，已经成为一种研究宏观生态学的重要方法并被广泛接受，它可以实现在地区和全球尺度上对草原碳通量、碳储量进行研究。

生态系统模型是碳循环研究的重要手段，不仅能够反映碳循环特征的连续变化，而且有着完整的理论框架和严谨的结构，能较真实地揭示植被的生理生态过程及其与环境因子相互作用的机制。作为大尺度碳通量估计的有效途径，生态系统模型已经在碳循环的研究中发挥了重要作用。

本书采用 NPP 为草地对干旱响应的生产力评价指标。NPP 是研究陆地生态系统过程的关键敏感参数，不仅能够反映绿色植被在自然条件下的生产能力大小及陆地生态系统处于胁迫下的健康情况，还可以用来测评陆地生态系统可持续性的强弱（程曼等，2012；方精云，2000）。同时，它还是判断陆地生态系统碳源、碳汇以及调控生态系统过程的主要因子，在全球碳平衡中扮演极为重要的角色（Zhao 和 Running，2010；Zhou 等，2002a）。NPP 在一定程度上代表着总生态系统服务价值，是生态系统与气候、土壤等外界环境因子之间的综合体现，因此，NPP 是衡量植物生长总量和健康的适宜指标（Costanza 等，2006）。

2.3.1 干旱识别

标准化降水指数（SPI）是由 McKee 等于 1993 年开发的气象干旱指数，用于干旱的识别。SPI 对短期降雨比 PDSI 更敏感，更好地监测土壤湿度的变化，对干旱的发生反应灵敏且能较早地识别干旱，具有良好的空间标准化。干旱等级划分标准具有气候意义，不同时段不同地区都适宜，具有较好的时空适应性，已被广泛使用（Sheffield 和 Wood，2007；Sheffield 等，2012）。Guttman 对 PDSI 和 SPI 进行比较，同时分析了帕默尔水文干旱指数（Palmer Hydrologic Drought Index，PHDI）的敏感性（Guttman，1998）。与其他干旱指数相比，SPI 能够更好地刻画干旱的严重性（Keyantash 和 Dracup，2002）。袁文平等认为 SPI 优于 Z 指数，能够有效地反映各个区域和各个时段的旱涝状况（袁文平和周广胜，2004b）。为了保证计算的精度，SPI 在计算时需要输入 30 年以上的月降水量时间序列，可以计算 1 个月、3 个月、6 个月等短时间尺度，亦可计算 12 个月、24 个月、48 个月等长时间尺度，相应地刻画不同时间尺度的干旱，便于监测短期的土壤湿度状况（2 或 3 个月尺度 SPI）、长期的水资源状况，如地下水、径流、胡泊和水库的水位等。SPI 详细的描述和计算请参考 Lloyd - Hughes 和 Saunders 的论文，适用于定量刻画大部分干旱事件，包括气象、农业和水文干旱（Lloyd - Hughes 和 Saunders，2002）。由于降水是内蒙古草原植被生长的主要控制因子（Zhang 和 Zhou，2011；马文红等，2010；张存厚等，2013），同时，GCTE 研究中所指的干旱是指基于气象学角度的干旱对陆地生态系统的影响（田汉勤等，2007），本书研究的目标是对干旱的影响进行评估，而不是对干旱本身进行准确监测，因此，本书选用表现出色的 SPI 进行干旱识别，而未选择基于 SPI 改进的标准化降水蒸散指数（Standardized Precipitation Evapotranspiration Index，SPEI）干旱指数（Vicente - Serrano 等，2010）。Ji 和 Peters 采用 SPI 和 NDVI 对美国大草原干旱影响进行评估，发现 3 个月尺度 SPI 和 NDVI 的相关性最好（Ji 和 Peters，2003）。Lotsch 等发现 4～6 个月尺度的 SPI 比较适合草地生长季干旱状况的分析（Lotsch 等，2003）。在本书中，采用 1 个月、3 个月、6 个月、12 个月尺度的 SPI 分别表示短期、季节、生长季和年尺度的干旱状况（Chen 等，2012）。

本书拟利用 SPI 指数来监测和识别干旱灾害，标准化降水指数（SPI）是先求出降水量 Γ 分布概率，然后进行正态标准化而得，其计算步骤如下。

（1）假设某时段降水量为随机变量 x，则其 Γ 分布的概率密度函数为

$$f(x)=\frac{1}{\beta^{\gamma}\Gamma(\gamma)}x^{\gamma-1}\mathrm{e}^{-x/\beta},x>0 \qquad (2-7)$$

$$\Gamma(\gamma)=\int_0^{\infty}x^{\gamma-1}\mathrm{e}^{-x}\mathrm{d}x \qquad (2-8)$$

式中　β、γ——尺度和形状参数，$\beta>0$，$\gamma>0$，β 和 γ 可用极大似然估计方法求得。

$$\hat{\gamma}=\frac{1+\sqrt{1+4A/3}}{4A} \qquad (2-9)$$

$$\hat{\beta}=\overline{x}/\hat{\gamma} \qquad (2-10)$$

$$A=\lg\overline{x}-\frac{1}{n}\sum_{i=1}^{n}\lg x_i \qquad (2-11)$$

式中　x_i——降水量资料样本；

　　　$\overline{x}$——降水量多年平均值。

确定概率密度函数中的参数后，对于某一年的降水量 x_0，可求出随机变量 x 小于 x_0 事件的概率为

$$P(x<x_0)=\int_0^{\infty}f(x)\mathrm{d}x \qquad (2-12)$$

利用数值积分可以计算用式代入式后的事件概率近似估计值。

（2）降水量为 0 时的事件概率由式（2-13）估计。

$$P(x=0)=m/n \qquad (2-13)$$

式中　m——降水量为 0 的样本数；

　　　n——总样本数。

对 Γ 分布概率进行正态标准化处理，即将式（2-13）求得的概率值代入标准化正态分布函数，即

$$P(x<x_0)=\frac{1}{\sqrt{2\pi}}\int_0^{\infty}\mathrm{e}^{-Z^2/2}\mathrm{d}x \qquad (2-14)$$

对式（2-14）进行近似求解可得

$$Z=S\frac{t-(c_2t+c_1)t+c_0}{[(d_3t+d_2)t+d_1]t+1.0} \qquad (2-15)$$

式（2-15）中，$t=\sqrt{\ln\frac{1}{P^2}}$，$P$ 为式或求得的概率。当 $P>0.5$ 时，$S=1$；当 $P\leqslant0.5$ 时，$S=-1$。$c_0=2.515517$，$c_1=0.802853$，$c_2=0.010328$，$d_1=1.432788$，$d_2=0.189269$，$d_3=0.001308$。

经由式（2-15）求得的 Z 值就是 SPI 值，根据累计概率分布函数可以确定干旱等级，见表 2-4。

表 2 - 4　　　　　　　　　　　　　　SPI 值干旱等级划分表

SPI 值	分类	SPI 值	分类
$SPI \geqslant 2.0$	极端湿润	$-1.0 < SPI \leqslant 0$	轻微干旱（正常）
$1.5 \leqslant SPI < 2.0$	非常湿润	$-1.5 < SPI \leqslant -1.0$	中等干旱
$1.0 \leqslant SPI < 1.5$	中等湿润	$-2.0 < SPI \leqslant -1.5$	严重干旱
$0 \leqslant SPI < 1.0$	轻微湿润（正常）	$SPI \leqslant -2.0$	极端干旱

注：（Hayes，2006；Łabędzki，2007；McKee 等，1993）

2.3.2　模型介绍

Biome - BGC 模型以气候、土壤和植被类型作为输入数据，空间上可以模拟从 $1m^2$ 到区域乃至全球的任何尺度，时间上可以模拟生态系统变量的日值数据到 NPP 等参数的年值数据，已在全球广泛应用。Biome - BGC 模型是从森林动力学模型发展而来的，以光合反应和土壤水分平衡为基础，计算光合作用强度和初级生产力（李慧，2008）。模拟以日为步长，将生态系统划分为 4 个碳库，强调水分循环和水分可用性对于碳的吸收和贮存的控制作用，考虑了土壤温度、含水量和枝叶脱落物木质素含量对有机质分解带来的影响，模型机理比较完善，比较适合研究干旱对碳循环的影响（王莹等，2010）。模拟尺度多样化，输出形式灵活，比较适合区域尺度的碳循环模拟。Mu 等基于过程 Biome - BGC 模型估算了气候变化和大气 CO_2 浓度升高对中国陆地生态系统碳循环的影响（Mu 等，2008）。王超利用 Biome - BGC 模型模拟了通榆草地的潜热通量，与实测值对比分析发现结果比较一致。董明伟等基于 Biome - BGC 模型模拟了锡林郭勒河流 4 个典型群落（羊草、大针茅、贝加尔针茅、克氏针茅群落）对气候变化的响应，识别了降水是控制该地区 NPP 变化的决定因子（董明伟和喻梅，2008），同时结合降水控制模拟实验，发现 Biome - BGC 模型表现优异。因此，本书选择 Biome - BGC 模型刻画草地生产力对干旱的响应。

基于能量与物质守恒原理，Biome - BGC 模型主要模拟进入生态系统的能量、碳、氮、水等物质在生态系统中的流动与循环过程，通过进入与离开生态系统的能量及物质相减，计算留在系统当中的部分。这部分能量与物质经由植被的生理与生态过程分配至不同存量库（Pools）中，同时由通量（Fluxes）相互联系各个存量库。太阳的短波辐射是驱动整个生态过程的能量源，通过反照率与比尔定律计算冠层所吸收的辐射量。水分包括降雨与降雪，进入生态系后存储在雪堆、土壤及冠层之中，通过蒸发、蒸散、径流与渗流形式离开生态系统，以 Penman - Monteith Equation 分别估算蒸发与蒸散量。碳与氮则涉及植物的光合作用能力、生长与分解过程。Biome - BGC 模型将冠层分为阳叶与阴叶两部分，以 Farquhar 光合作用模拟光合作用，获得的碳先用于自养呼吸，其次利用生长速率差异将碳分配到植被各个生长部位，如图 2 - 1 所示。

Biome - BGC 模型基于不同的植被功能型模拟不同生态系统的能量与物质循环过程，具有模拟木本或非木本（C3/C4 草）、常绿或落叶、针叶或阔叶的能力。下面介绍与本书研究内容密切相关的模型模拟过程机理（吴家欣，2008）。通常，Biome - BGC 模型的运行需要初始化文件（Initialization File）、气象数据文件（Meteorological Data File）和生理生态参数 3 个输入文件（Input Files），这些文件必须严格按照特定的格式进行文件组

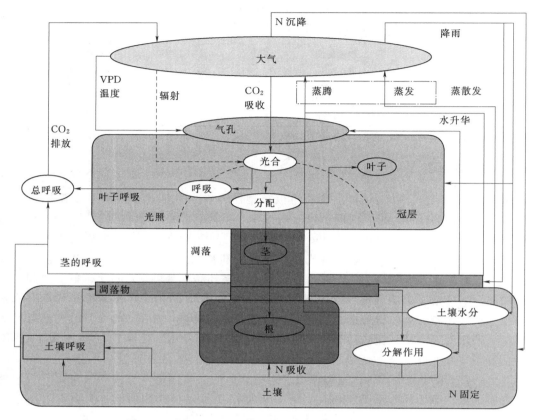

图 2-1　Biome-BGC 模型碳、氮、水循环过程示意图

织，Biome-BGC 模型的输入和输出参数见表 2-5。

表 2-5　　　　　　　　　　　Biome-BGC 模型的输入和输出参数表

输入数据	内　　容	空间分辨率	时间分辨率	输出结果
气象数据	日最高、最低和平均气温、降水量、水汽压亏缺、短波辐射和日长	从立地尺度到区域全球尺度	日-月-年	最大叶面积指数、年蒸散量、年径流量、年净初级生产力、年净生物群区生产力
站点初始化	研究站点经纬度、海拔、土壤有效深度、质地组成、大气中 CO_2 浓度、植被类型以及对输入输出文件的设定等			
生理生态参数	包括 44 个参数，如叶片 C、N 比、细根 C、N 比、气孔导度、冠层消光系数、冠层比叶面积、叶组织羧化酶中氮的百分含量			

1. 碳通量模拟过程

（1）光合作用。Biome-BGC 模型光合作用计算采用 Farquhar 模型。Farquhar 模型被广泛应用于叶片 CO_2 光合作用的模拟，该模型基于羧化和电子传递两个基本的光合作用过程，利用两种不同限制条件来描述植物叶的瞬时光合作用速率（张廷龙，2011）。计算 CO_2 同化速率时，叶的暗呼吸需要扣除，具体如式（2-16）所示为

$$A = \min(A_c, A_j) - R_d \tag{2-16}$$

式（2-16）中 A_c 和 A_j 分别为由 Rubisco 活性限制的光合作用速率和由 RuBP 再生速率限制的光合作用速率，R_d 是除了光合呼吸外的 CO_2 同化速率［式（2-17）～式（2-19）］。

$$A_j = J \frac{C_i - \tau}{4.5C_i + 10.5\tau} \tag{2-17}$$

$$A_c = W_m \frac{C_i - \tau}{C_i + K_c(1 + O_2/K_0)} \tag{2-18}$$

$$W_m = \frac{f_{act} f_{lnr}}{f_{nr} L_s S_1} \tag{2-19}$$

式中 C_i——叶肉细胞 CO_2 浓度；

       τ——无暗呼吸时 CO_2 的补偿点；

       W_m——Rubisco 饱和时的最大羧化速率；

   $K_c(Pa)$、$K_0(Pa)$——羧化和氧化的米氏系数；

      $O_2(Pa)$——大气浓度中的氧气；

$J(\mu molCO_2/m^2 s)$——RuBP 再生速率，它是当 RuBP 饱和时每单位叶面积上最大羧化率的函数；

       f_{act}——有关 Rubisco 活化酶的函数 ［$molCO_2/(g\ Rubisco/s)$］；

       f_{lnr}——总的叶氮中 Rubisco 活化酶所占的比例 （g NRubisco/g Nleaf）；

       f_{nr}——Rubisco 活化酶分子氮的权重 （g NRubisco/g Rubisco）；

       L_s——比叶面积；

       S_1——叶子的碳氮比。

净光合作用速率也可以描述为式（2-20）。

$$A = (C_a - C_i)G_s \tag{2-20}$$

式中 C_a——大气 CO_2 浓度；

    C_i——叶肉细胞 CO_2 浓度；

    G_s——CO_2 从大气进入叶子的导度。

假设 $\min(A_c, A_j)$ 分别为 A_c 和 A_j 时，联立式（2-7）和式（2-11），得到对应的 A_c 和 A_j，取两者之间的较小值，得到最终的光合速率 A。

（2）呼吸作用。植物的呼吸作用包括自养呼吸和异养呼吸，其中自养呼吸包括维持呼吸和生长呼吸两个部分。自养呼吸（又称植物呼吸）是陆地植物为了维持自身生长发育、完成生活史必须进行的呼吸作用，一是为植物代谢过程与生命活动提供能量，二是为植物体内有机大分子化合物合成提供原料（张廷龙，2011）。维持呼吸可细分为叶（RM_1）、茎（RM_s）、根（RM_r）三部分，式（2-21）所示为

$$RM = RM_L + RM_s + RM_r \tag{2-21}$$

叶的维持呼吸分 C3 植物、C4 植物两种情形，分别计算如式（2-22）。

$$RM_1 = \begin{cases} 0.015V_{max} & (C3) \\ 0.025V_{max} & (C4) \end{cases} \tag{2-22}$$

式中　$V_{\max}$——依赖温度的酶促反应最大速率；

　　　C3——碳三植物；

　　　C4——碳四植物。

茎和根部的维持呼吸是该组织部分 N 的含量和温度的函数，组织部分的 N 含量依据组织部分 C 的含量和 C、N 比值，按照式（2-23）～式（2-25）进行计算。

$$RM_s = 0.218C_s f_{20}(Q_{10})/S_s \tag{2-23}$$

$$RM_r = 0.218C_r f_{20}(Q_{10})/S_r \tag{2-24}$$

$$f_{20}(Q_{10}) = Q_{10}(T-T_s)/10 \tag{2-25}$$

式中　C_s、C_r——茎和根的 C 含量；

　　　S_s、S_r——茎和根的 C、N 比；

　　　Q_{10}——温度敏感因子；

　　　T_s——参考温度；

　　　T——相应组织部分的温度。

Biome-BGC 中，生长呼吸被简化为总光合的线性函数，如式（2-26）所示。

$$RG = \gamma GPP \tag{2-26}$$

式中　RG——生长呼吸；

　　　γ——生长呼吸占总光和的比例；

　　GPP——总光合量。

异养呼吸指在陆地生态系统中，在土壤微生物和小动物参与下，土壤表面枯落物和土壤有机物氧化分解释放出 CO_2 的过程。在 Biome-BGC 模型中只考虑温度效应 $e(T_0, T)$ 和土壤湿度效应 $h(W_S)$，如式（2-27）所示。

$$R_\beta = r_0 e(T_0, T) h(W_S) C_\beta \tag{2-27}$$

式中　R_β——异养呼吸；

　　　r_0——土壤水分最适时土壤库的相对呼吸速率，/d；

　　　T_0——参考温度，℃；

　　　T——土壤温度，℃；

　　　W_S——土壤含水量，cm；

　　　C_β——该部分土壤的碳库量，gC/m^2。

（3）NPP 的模拟。在 Biome-BGC 模型中，NPP 的模拟通过式（2-28）计算。

$$NPP = GPP - Ra \tag{2-28}$$

式中　NPP——植被净初级生产力；

　　　GPP——光和总量；

　　　Ra——植被自养呼吸总和。

2. 水循环模拟

在 Biome-BGC 模型当中，水经由降雨与降雪进入生态系中，储存于雪堆、土壤及冠层当中，经由蒸发、蒸散、径流与渗流离开系统。当日均温低于 0℃时，Biome-BGC 模型会对降雪进行模拟。以下对 Biome-BGC 模型中模拟降雨和降雪带来的水分在生态系中的循环过程。

（1）冠层的截留与蒸发。Biome-BGC 模型中，土壤潜在蒸发和植被蒸腾的计算采用了 Penman-Monteith 公式。可利用的能量被分配到植被冠层和土壤表面，被分配到冠层的能量又分为冠层截留蒸发和冠层蒸腾两部分，最终得到的蒸散值等于土壤蒸发、植被蒸发和植被蒸腾之和。

当雨水进入生态系统中，一部分被冠层截留，这部分水分经由蒸发作用离开系统或落地进入土壤中。冠层每日 W_{int} 的截留量是假设与降雨量及 L_A（双面叶面积指数）呈线性关系，如式（2-29）所示。

$$W_{int} = min(k_{int} W_{rain} L_A, W_{rain})\qquad(2-29)$$

式中　k_{int}——截留系数，表示每天每单位叶面积所拦截的雨量占总雨量的比例；

　　　W_{rain}——一日的降雨量，当降雨量小于冠层截留量时，表示所有降雨都会被冠层拦截，则会有部分未被截留的雨水落入地表成为土壤水（$Q_{rainsoil}$），见式（2-30）。

$$Q_{rainsoil} = W_{rain} - W_{int}\qquad(2-30)$$

式中，每天储存在冠层的截留水会归零重新计算，意即假设当日冠层截留的水分若未经由蒸发离开系统，便会滴落进入土壤中，而不会累积至隔天。

被截留在冠层的水分，利用 Penman-Monteith 公式计算蒸发速率（E_{int}，W/m²），见式（2-31）为

$$E_{int} = \frac{\Delta R_{sc} + \rho C \dfrac{VPD}{R_{ch}}}{\Delta + \dfrac{PCR_{cv}}{\lambda 0.6219 R_{ch}}}\qquad(2-31)$$

式中　Δ——气压曲线斜率，Pa/℃；

　　　R_{sc}——冠层所吸收的短波辐射量，W/m²；

　　　ρ——空气密度，kg/m³；

　　　C——空气比热，1010.0J/(kg·℃)；

　　　R_{ch}——空气辐射热传导阻力与冠层可感热传导阻力之并联（s/m）；

　　　VPD——饱和水蒸气压差，Pa；

　　　P——大气压力，Pa；

　　　R_{cv}——冠层水气传导阻力，s/m；

　　　λ——水的蒸发潜热，J/kg。

蒸散速率分别乘以阳叶与阴叶的叶面积指数与蒸散进行的时间，加总后即为当天的冠层蒸散量。

除了降水还有降雪对水分有影响，当平均日温度（t_{avg}）大于 0℃ 时，R_{inc} 决定降雪融化量，即式（2-32）和式（2-33）为

$$Snow_{melt} = 0.65 t_{avg} + \frac{R_{inc}[kJ/(m^2 \cdot d)]}{335(kJ/kg)}\qquad(2-32)$$

$$Snow_{sublimation} = \frac{R_{inc}[kJ/(m^2 \cdot d)]}{2845(kJ/kg)}\qquad(2-33)$$

2.3.3　干旱对草地生成力的影响评估

本书的趋势分析采用线性回归分析法（Linear Regression Method，LRM）。Zhao 和 Running 曾用此方法分析全球 NPP 的变化趋势（Zhao 和 Running，2010）。这种简单的线性回归方法用来检验生态系统碳通量年际变化的长期趋势（Chen 等，2012），也是研究碳通量长期变化趋势的重要方法。对于长时间系列碳通量数据，同一时间位置对应相应的碳通量值，采用最小二乘方法拟合得到不同碳通量和时间相应的线性方程。在干旱事件识别的基础上，基于线性趋势分析方法来研究近 50 年内蒙古草地生产力以及不同等级干旱的变化趋势。其中线性回归分析法的计算见式（2 - 34）。

$$y = ax + b \tag{2-34}$$

式中　a、b——回归系数，a 值的正负值表示碳通量或干旱随时间变化的方向，a 的绝对值大小表示碳通量或干旱变化速率，$10a$ 为碳通量或气候倾向率表示每十年变化速率。

采用相关分析法从不同时空尺度分析内蒙古草甸草原、典型草原和荒漠草原 NPP 变化量和 SPI 的相关性。本书利用相关系数法 CCA（Correlation Coefficient Analysis）分析草地生态系统碳通量与干旱之间的关系，以确定干旱对草地生态系统碳通量的影响程度。其计算见式（2 - 35）。

$$R_{xy} = \frac{\sum_{i=1}^{n} (x_i - \overline{x})(y_i - \overline{y})}{\sqrt{\sum_{i=1}^{n} (x_i - \overline{x})^2 \times \sum_{i=1}^{n} (y_i - \overline{y})^2}} \tag{2-35}$$

式中　x——生态系统碳通量，如 NPP；

　　　y——SPI 值；

　　R_{xy}——变量 x 与 y 之间的相关系数，如果 $R_{xy} > 0$ 表明二者呈正相关，即两个变量同向相关，反之则表明二者呈负相关。

相关系数值为 -1（完全负相关关系）+1（完全正相关关系），相关系数为 0 时，表示不存在相关关系。其中相关性等级划分见表 2 - 6（曹燕燕，2012）。同时检验碳通量和干旱长期变化趋势的相关系数和线性回归模型是否通过 F 检验的 0.05 显著性水平（$p < 0.05$）。

表 2 - 6　　　　　　　相 关 性 等 级 划 分 表

相关性	$|R|$	相关性	$|R|$
不相关	0.00~0.09	中等相关	0.30~0.50
低相关	0.10~0.30	高相关	0.50~1.00

2.4　本章小结

本章主要对研究区、数据和方法进行详细介绍。首先介绍了内蒙古草原的地理位置与地形地貌、气候特征、水文条件、土壤植被和干旱特征等研究区概况；其次对研究所需的数据进行了详细阐述，本书使用的数据主要有气象数据、土壤数据、植被数据和通量观测数据以及文献资料数据，为后续模型校准与模拟提供基础。在研究方法部分，简要概述了基于 SPI 干旱指数进行干旱识别、生态过程模型和基本分析方法，为后续碳水通量分析打好坚实准备。

第 3 章

Biome‐BGC 参数模型优化及生产力模拟

本章重点探讨 Biome‐BGC 模型的参数化与模型校准及碳通量模拟。将 Biome‐BGC 模型应用至内蒙古草地时需要开展模型参数的本地化，利用研究区植被、土壤、气象、通量观测与文献等数据对模型关键参数进行优化、校准和模拟结果验证以提高模型的区域应用精度。在模型参数化校准和区域模拟结果验证的基础上，基于气象数据开展近 50 年内蒙古草地生产力的动态模拟及其时空格局的分析。

3.1　模型参数化

Biome‐BGC 模型的输入参数主要包括三部分：气象数据、站点参数和生理生态参数。本书综合全球 Biome‐BGC 模型的参数化工作，对研究区草甸、典型和荒漠草原的生理生态参数尤其是关键参数进行本地化。气象数据来源中国气象数据共享网站点和栅格数据。站点参数主要包括纬度、高程、土壤质地等，主要通过中国 DEM 数据和土壤数据集动态获取，其中不同地区的地表反照率主要通过文献资料获取。生理生态参数主要通过国内外文献、实测值和通量数据进行优化。

White 等对 Biome‐BGC 模型的生理生态参数进行了全面详尽的敏感性分析，发现 C：Nleaf（叶中碳氮比）是对全部植被类型的 NPP 都有较显著影响的唯一因子，通过文献大量调研并结合模型生理生态参数敏感性分析发现，具有高度敏感性的参数有火灾死亡率、叶片碳氮比、细根碳氮比、比叶面积指数、光衰减系数与生物固氮量（White 等，2000a；董明伟和喻梅，2008；李慧，2008；吴家欣，2008）。

以典型草原为例，典型草原生理生态参数的敏感性分析如图 3-1 所示，NPP 对实验中的所有生理生态参数具有较高的敏感性，且均通过了置信度为 99% 的显著性水平检验。火灾植被死亡率（FM）、新细根 C：新叶 C 分配比例（Frcel）、细根碳氮比（C：Nfr）、凋落物碳氮比（C：Nlit）、叶片碳氮比（C：Nleaf）对草地 NPP 的影响逐渐降低。火灾发生率（FM）、比叶面积（SLA）、凋落物碳氮比（C：Nlit）、叶片碳氮比（C：Nleaf）和细根碳氮比（C：Nfr）等关键参数根据通量观测数据与文献资料数据进行参数优化，其余参数主要参考相关文献资料，比如不稳定物质、纤维素、木质素主要依据孔庆馥等人出版的《中国饲用植物化学成分及营养价值表》确定（孔庆馥等，1990）。

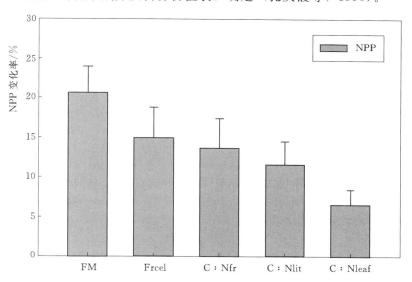

图 3-1　内蒙古站点典型草原 NPP 对不同生理生态参数的敏感性响应

FM—火灾植被死亡率；Frcel—新细根 C：新叶 C 分配比例；C：Nfr—细根碳氮比；
C：Nlit—凋落物碳氮比；C：Nleaf—叶片碳氮比

综合文献资料和敏感性分析实验，本书的 Biome-BGC 模型模拟的不同草地类型植被采用的生理生态参数情况见表 3-1。

表 3-1　　　　　　　　　　不同草地类型植被的生理生态参数表

模型参数	参数符号	参数含义	单位	草甸草原	典型草原	荒漠草原	参数来源
周转和死亡参数（Turnover and Mortality Parameters）	Leaf and Fine Root Turnover	叶片和细根年周转分数	a	1.0	1.0	1.0	White 等，2000a
	Fire Mortality	火烧造成植物死亡凋落部分比例	a	0.005	0.005	0.005	实测数据优化
	Whole Plant Mortality	年植物总死亡凋落部分比例	a	0.1	0.1	0.1	
分配参数（Allocation Parameters）	New Fine Root C to New Leaf C Ratio	新细根 C：新叶 C 分配	kgC/kgC	2.0	1.5	1.62	胡波等，2011
	New Stem C to New Leaf C Ratio	新茎 C：新叶 C 分配	kgC/kgC	0	0	0	
	New Live Wood C to New Total Wood C Ratio	新活木质 C：新的总木质 C	kgC/kgC	0	0	0	White 等，2000a
	New Coarse Root C to New Stem C Ratio	新粗根 C：新茎 C	kgC/kgC	0	0	0	
	Current Growth Proportion	当前生长：存储生长	DIM	0.5	0.5	0.5	

续表

模型参数	参数符号	参数含义	单位	草甸草原	典型草原	荒漠草原	参数来源
碳氮比参数 (Carbon to Nitrogen Parameters)	Leaf C∶N	叶片 C∶N	kgC/kgC	27.22	20.21	14.01	Luo 等, 2012; Titlyanova 和 Bazilevich, 1979; 董明伟 和 喻梅, 2008; 张峰, 2010; 实测数据优化
	Litter C∶N	凋落物 C∶N	kgC/kgC	43.6	45	41.44	
	Fine Root C∶N	细根 C∶N	kgC/kgC	49	50	46.36	
不稳定物质、纤维素、木质素 (Labile, Cellulose, and Lignin Parameters)	Fine Root Labile	细根易分解物质比例	Percent	34	30	30	Luo 等, 2012; 孔庆馥 等, 1990; 赵文龙, 2012; 实测数据优化
	Fine Root Cellulose	细根纤维素比例	Percent	44	45	45	
	Fine Root Lignin	细根木质比例	%	22	25	25	
	Litter Labile	易分解物质比例	%	58.2	53.9	41	
	Litter Cellulose	纤维素比例	%	34.7	39.1	44	
	Litter Lignin	木质比例	%	7.1	6.3	15	
形态参数 (Morphological Parameters)	Specific Leaf Area (SLA)	冠层比叶面积	m²/kgC	20.69	18.75	14.3	董明伟和喻梅, 2008; 张峰, 2010
	All-sided to Projected Leaf Area Ratio	全叶面积和投影叶面积比	LAI/LAI	2	2	2	
	Shaded to Sunlit Specific Leaf Area Ratio	阳生阴生 SLA 比	SLA/SLA	2	2	2	
气孔导度 (Conductance Rates and Limitations)	Maximum Stomatal Conductance	最大气孔导度	m/s	0.006	0.006	0.006	
	Cuticular Conductance	叶面角质层导度	m/s	0.00006	0.00006	0.00006	
	Boundary Layer Conductance	边界层导度	m/s	0.04	0.04	0.04	White 等, 2000a
	Leaf Water Potential at Initial Gsmax Reduction	初始最大导度开始减小时的叶片水势	MPa	-0.73	-0.73	-0.73	
	Leaf Water Potential at Final Gsmax Reduction	导度减少最终为 0 时叶片水势	MPa	-2.7	-2.7	-2.7	
	Vapor Pressure Deficit at Initial Gsmax Reduction	导度开始减小时水汽压亏缺	Pa	1800	1400	1250	White 等, 2000a
	Vapor Pressure Deficit at Final Gsmax Reduction	导度减少最终为 0 时水汽压亏缺	Pa	4700	6200	5725	

模型参数	参数符号	参数含义	单位	草甸草原	典型草原	荒漠草原	参数来源
其他参数（Miscellaneous Parameters）	Water Interception Coefficient	冠层水截流系数	LAI·d	0.021	0.021	0.021	White 等，2000a
	Light Extinction Coefficient	冠层消光系数	unitless	0.6	0.48	0.48	
	Percent of Leaf N in Rubisco	酶中的叶 N 含量	Percent	21	21	21	
	Nitrogen（dry + wet）Deposition rate	N（干 + 湿）沉降率	kgN/（m² · a）	0.00099	0.00099	0.00099	
	Shortwave Albedo	短波反射率		0.2	0.25	0.35	刘帅，2009

3.2　降水控制模拟实验

敏感性分析是探讨模型对不同输入变量的响应特征。模型的敏感性分析是模型研究的重要内容，通过敏感性分析能够发现对模拟结果影响力较大的参数，最大限度地减少高度敏感参数的输入误差，进而降低模型模拟误差及输出结果的不确定性。通常，参数的敏感性分析是指当其他条件不变情况下，通过改变一个参数的取值来辨析该参数对模拟结果的影响程度，即识别参数敏感性的相对高低。因此，通过敏感性分析探讨 Biome - BGC 模型的输出变量对各个输入参数的敏感性，能够提高对模型的认知与理解。为了反映不同输入参数的敏感性，本书采用敏感系数（Sensitivity Index，SI）来表征模型输出变量对不同输入变量的敏感程度，如式（3-1）所示（王旭峰和马明国，2009）。

$$SI = \frac{\Delta y / y}{\Delta x / x} \qquad (3-1)$$

式中　x、y——模型的输入和输出变量；

Δx 和 Δy——模型输入和输出变量的变化量。

本书分别假定输入变量在基准值上变化 +10% 和 -10%，即 $\Delta x = \pm 10\% x$（王旭峰和马明国，2009）。依敏感程度绝对值进行参数分类：①若 >0.2，表示输出变量对此参数具有高敏感性；②若是 0.1～0.2，则为中敏感性；③若 <0.1，则为低敏感性（吴家欣，2008）。

Biome - BGC 模型对所有的输入参数都比较敏感。Tatarinov 等探讨了 Biome - BGC 模型对样地自然属性数据会影响模型的模拟结果，如土壤有效深度、土壤质地和氮沉降（Tatarinov 和 Cienciala，2006）。同时，有学者证明输入气象数据的差异将会影响模型对 NPP 的估算（Ichii 等，2005）。在模型中，温度主要通过酶活性影响光合作用；降水主要通过影响土壤湿度作用于光合作用和异养呼吸；水汽压亏缺经过气孔导度的作用影响光合作用，而辐射则直接干扰光合作用（李慧，2008）。因此，有必要基于上述敏感性分析方法探讨 NPP 等不同碳通量对输入气象数据的敏感性，表征环境因子对碳通量的影响程度。图 3-2 表示内蒙古草原的 NPP 对当地气象环境因子的敏感性变化方向，对各个输入参数的敏感性绝对值从大到小的顺序为：降水量＞日最高温度＞水汽压亏缺＞日最小温度＞短波辐射通量密度＞平均温度＞日照长度。尽管模型输入参数（除平均温度和日照长度外）的敏感性都比较高（$SI > 0.2$），但降水是控制内蒙古草原生产力变化最为敏感的气象因子之一。

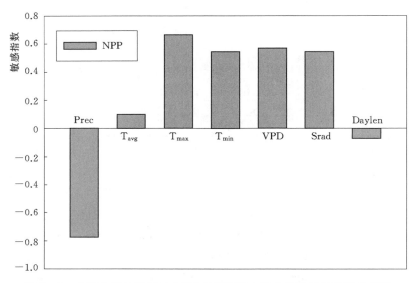

图 3-2　内蒙古锡林浩特站 NPP 对模型各个输入参数的敏感性分析图

在不同气象因子敏感性分析的基础上，进一步探讨模型输出变量对降水的敏感性，如图 3-3 所示。在基于 Biome-BGC 模型的降雨控制模拟实验中，相对于原始日降水分别设置 5%、10%、20%、30%、50%、75% 等不同梯度的降雨亏缺。通过降水控制模拟实验，研究发现不同碳通量（GPP、Re、NPP、NEP）随着降水亏缺程度的不断增加，敏感性指数的绝对值不断增大，进一步显示 Biome-BGC 模型的优良表现。在 GPP、Re、

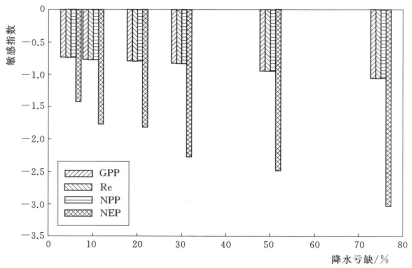

图 3-3　锡林浩特站不同碳通量对不同程度降水变化的敏感性响应图

NPP、NEP 四个碳通量中，NEP 和 NPP 对降水减少的响应比较强烈。因此，NPP 对不同程度干旱具有比较敏感的响应。

因此，通过敏感性分析和降水控制模拟实验表明，Biome-BGC 模型能够很好地模拟气象因子变化尤其是降水变化对不同碳通量的影响，为本书进一步分析干旱对草地生产力的定量评估奠定了良好的基础。

3.3 模型适用性评价

3.3.1 模型验证评价指标

在模型参数化和敏感性分析的基础上，有必要进一步评价模型的区域应用能力。模型适用性的验证主要是评价模拟值与观测值之间的吻合程度，直到模拟值与观测值之间不存在统计学上的显著差异（张存厚，2013；张存厚等，2012）。本书以线性回归分析、均方根误差（RMSE）和显著性水平（$p < 0.001$）为评价指标来验证模型模拟的精度，各指标计算公式［式（3-2）和式（3-3）］为

$$y = bx + a \tag{3-2}$$

$$\text{RMSE} = \sqrt{\frac{1}{N} \sum_{i=1}^{N} (C_{si} - C_{oi})^2} \tag{3-3}$$

式中　y——模拟值；

x——观测值；

b——斜率；

a——截距；

N——样本个数；

C_{si}——模拟结果值；

C_{oi}——实测结果值。

模型模拟最理想的结果应该是 $a = 0$，$b = 1$。因此，线性回归方程中 b 与 1 的接近程度直接反映了模型模拟的效果。

3.3.2 模型适用性验证

本书利用内蒙古不同草地类型通量站点及文献资料数据，根据不同碳水通量对 Biome-BGC 模型进行校准，数据详情见表 2-2。根据研究目的，本书主要对 GPP、Re、NEP、ET 主要等关键碳水通量参数进行校准与优化。根据不同站点数据特征，分别提取相应时间段的 NPP 数据进行对比分析，以评价 Biome-BGC 模型模拟的精度和适用性。NPP 数据资料来自于中国农业科学院马瑞芳学位论文中的各个牧业气象站生物量数据（马瑞芳，2007）。

草甸草原碳水通量验证主要采用通榆站 2003—2007 年的资料数据（表 2-2）。通榆站 GPP 为 2004—2006 年 8d 合成数据，NEP 和 ET 为 2003—2007 年日值数据。根据温带草甸草原地上地下生物量的换算关系（地下生物量＝5.26×地上生物量）、NPP 和生物量

转换关系［碳量（gC/m²）=生物量×0.45（g/m²）］（Wang 等，2010；方精云等，2007；朴世龙等，2004；王娓等，2008），计算鄂温克旗牧业气象站的 1989—2005 年 NPP 数据。

从图 3-4 可以看出，总体上模型模拟值与通量观测值具有良好的一致性，所有碳水通量均通过了显著性水平 0.001 的检验，其中 GPP、NEP、ET 和 NPP 的斜率分别为 0.80、0.60、0.65 和 0.78，模拟值都比较接近 1∶1 线且均匀分布在两侧。GPP、NEP、ET 和 NPP 的均方根误差分别为 5.36gC/（m²·8d）、0.89gC/（m²·d）、0.62mm/d 和 36gC/（m²·a），模拟误差处于比较合理的范围内。GPP、NEP、ET 和 NPP 的决定系数分别为 0.59、0.30、0.46 和 0.79，回归效果显著，表明 Biome-BGC 模型能够较好地模拟草甸草原碳水通量，模拟精度高，具有较强的模拟性能和适应性。

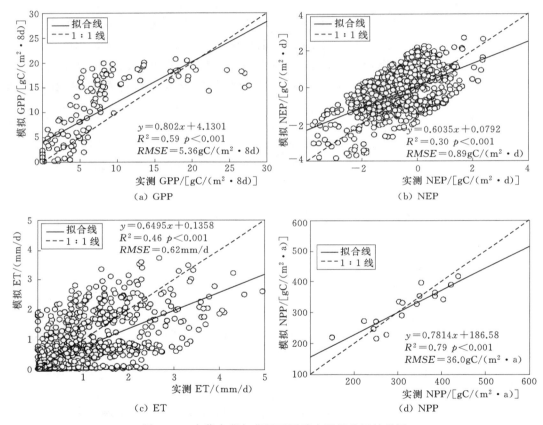

图 3-4　内蒙古草甸草原不同碳水通量验证结果图

典型草原碳水通量验证主要采用锡林浩特站 2003—2007 年的资料数据（表 2-2）。锡林浩特通量站 GPP 和 Re 为 2006—2007 年日值数据，NEP 和 ET 为 2003—2007 年日值数据。根据温带典型草原地上地下生物量的换算关系（地下生物量=4.25×地上生物量）、NPP 和生物量转换关系［碳量（gC/m²）=生物量×0.45（g/m²）］（方精云等，2007；朴世龙等，2004；王娓等，2008），计算锡林浩特牧业气象站的 1980—2006 年 NPP 数据。从图 3-5 可以看出，所有碳水通量均通过了显著性水平 0.001 的检验，其中 GPP、Re、NEP、ET 和 NPP 的斜率分别为 0.79、1.11、0.73、0.96 和 0.77，模拟值都比较接近

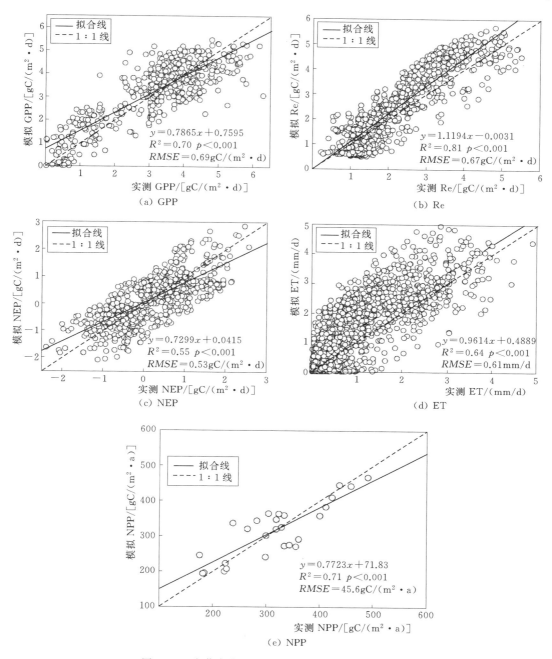

图 3-5　内蒙古典型草原不同碳水通量验证结果图

1:1线且均匀分布在两侧。GPP、Re、NEP、ET 和 NPP 的均方根误差分别为 0.69gC/ (m²·d)、0.67gC/(m²·d)、0.53gC/(m²·d)、0.61mm/d 和 45.6gC/(m²·a)，模拟误差处于比较合理的范围内。GPP、Re、NEP、ET 和 NPP 的决定系数分别为 0.70、0.81、0.55、0.64 和 0.71，回归效果显著，表明 Biome-BGC 模型能够较好地模拟典型

草原碳水通量，模拟精度高，具有较强的模拟性能和适应性。

荒漠草原碳水通量验证主要采用苏尼特左旗站2008—2009年的资料数据（表2-2）。苏尼特左旗通量站NEP和ET为2008—2009年日值数据，根据温带荒漠草原地上地下生物量的换算关系（地下生物量=7.89×地上生物量）、NPP和生物量转换关系［碳量（gC/m²）=生物量×0.45(g/m²)］（方精云等，2007；朴世龙等，2004；王娓等，2008），计算乌拉特中旗牧业气象站的1982—2006年NPP数据。从图3-6可以看出，所有碳水通量均通过了显著性水平0.001的检验，其中NEP、ET和NPP的斜率分别为0.75、0.87和1.0，模拟值都比较接近1:1线且均匀分布在两侧。NEP、ET和NPP的均方根误差分别为$0.66gC/(m^2 \cdot d)$、0.54mm/d和$21.7gC/(m^2 \cdot a)$，模拟误差处于比较合理的范围内。NEP、ET和NPP的决定系数分别为0.77、0.56和0.83，回归效果显著，表明Biome-BGC模型能够较好地模拟典型草原碳水通量，模拟精度高，具有较强的模拟性能和适应性。

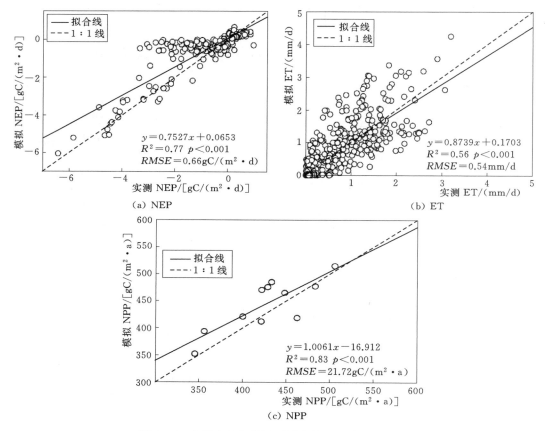

图3-6　内蒙古荒漠草原不同碳水通量验证结果图

对比野外样地实验实测数据和文献资料数据，NPP的模拟比较符合实际情况，本书草甸、典型和荒漠草原模拟的站点NPP分别在$550gC/(m^2 \cdot a)$、$400gC/(m^2 \cdot a)$和$100gC/(m^2 \cdot a)$浮动，与文献发布的数据$563.4gC/(m^2 \cdot a)$、$392.90gC/(m^2 \cdot a)$和

122.90gC/（m²·a）比较接近（张存厚，2013；张存厚等，2012；张存厚等，2013b；张存厚等，2014），还与其他学者估计的内蒙古草原 NPP 值范围为 116～566gC/（m²·a）一致（刘岩，2006；王军邦，2004）。通量观测站能够对不同碳水通量进行长期连续的观测，获取了大量的通量数据能够为研究干旱对草地生态系统生产力的影响提供可靠的主流技术支持。通过通量观测数据与生态过程模型的有效融合，极大地扩展了研究的时空尺度，为进一步深入探索干旱对草地生产力影响的差异提供保障。本书使用了不同草地类型通量观测数据对 Biome-BGC 模型进行精确校准与优化，降低了模型应用的不确定性，为研究的深度和可靠性奠定了基础。

3.4 基于 Biome-BGC 模型的草地生产力模拟

基于 Biome-BGC 模型，设置好初始化文件中模拟站点的自然特征信息、模拟时间、输入输出参量，利用整理好的日值气象数据，按照不同草地生态系统参数化方案，开始进行站点尺度碳通量的模拟。在 Biome-BGC 模型运行前，必须要运行预热（Spinup）使模型的状态变量基本达到稳定状态（一般是将叶片碳储量设为 $0.001kg/m^2$，其他的碳氮储量为 0）。在模型的状态变量达到稳定状态后，再继续运行模型得到模拟结果。Biome-BGC 模型是基于站点尺度的生态过程模型，对于区域碳水循环的模拟必须实现其区域化运行。本书基于栅格气象数据，通过 Matlab 平台实现区域尺度模型自动化的运行，即每个栅格自动输入初始化文件（Ini）、气象文件（Metdata）和生理生态文件（Epc）以及批处理文件（BGC.BAT）。通过批处理命令文件，即可实现 Biome-BGC 模型的栅格尺度的批量运行，无植被区域 NPP 为零，并输出每个栅格不同碳水通量的模拟结果。

Biome-BGC 的空间模拟是基于 1961—2012 年栅格数据进行的，结果发现近 50 年内蒙古草原 NPP 总体上无显著变化趋势。图 3-7 展示了内蒙古草地 NPP 的年际波动，呈轻微降低的趋势 [变化速率为 $-4.73gC/（m^2·10a）$]，但是无显著变化趋势（$R^2=0.0333$，$p=0.21$），与张存厚发现的内蒙古草原 NPP 总体变化呈略增态势结论一致（张存厚，2013）。

根据 1961—2012 年 NPP 的空间变化趋势可以看出，整体上草地 NPP 无显著的变化趋势（$p>0.05$），草甸草原东部和荒漠草原西部以及典型草原东南部地区 NPP 呈下降的趋势，典型草原大部分地区 NPP 呈上升的趋势。NPP 呈略微增加趋势的面积约占草原总面积的 62.7%，呈下降趋势的面积约占 17.1%，无明显变化趋势的约占 20.1%。不同草地类型 NPP 的变化速率也存在差异，草甸、典型和荒漠草原 NPP 的变化速率分别为 $-0.97～3.23gC/（m^2·10a）$、$-1.30～4.35gC/（m^2·10a）$ 和 $-0.37～4.48gC/（m^2·10a）$，与其他学者的发现内蒙古草原 NPP 在总体上呈现增长的趋势，且不同地区变化速率不同这一结论一致（柳小妮等，2010；张存厚，2013）。内蒙古草原 NPP 整体上变化趋势不显著（$p>0.05$），约占草地面积的 92.7%，仅 7.3% 的区域通过了显著性水平为 0.05 的置信检验，主要分布于荒漠草原南部、典型草原中部和东北部以及草甸草原西南部，这与穆少杰等基于遥感数据得出的结论一致（穆少杰等，2013）。在典型草原西部，NPP 呈增加的趋势，这与 Bao 等的发现一致（Bao 等，2013）。而且，内蒙古草地 NPP

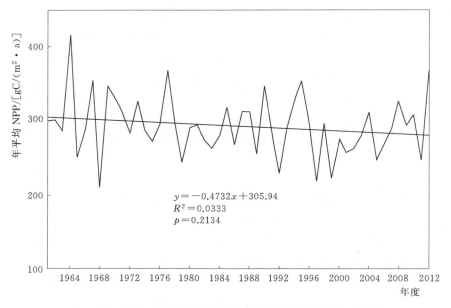

图 3 - 7 近 50 年内蒙古草原区域 NPP 平均值的年际变化图

从东北至西南由大变小的分布格局和降水量的分布格局比较吻合（Ran 等，2006）。降水量的大小在长时间序列上一直控制着内蒙古草地 NPP 的积累（Nippert 等，2006；柳小妮等，2010）。可见在总体上，近 50 年 NPP 变化无显著变化趋势且具有较大的空间异质性和地带性变化。

3.5 本章小结

本章基于 Biome - BGC 模型模拟了近 50 年内蒙古不同类型草地生产力的变化。首先基于文献资料和通量数据对模型生理生态参数进行合理参数化，通过敏感性分析识别了比较敏感的生理生态参数，为后续模型校准提供依据。在模型参数化的基础上，开展了气候因子敏感性分析和降水控制模拟实验，分析了草地 NPP 对不同输入气候参数的敏感性，识别了 NPP 对不同降水亏缺程度的响应。接着根据实测的通量观测数据对模型的适用性进行了评估。最后基于校准的模型模拟了近 50 年草地的 NPP。具体结论如下。

（1）基于敏感性分析试验识别了对 NPP 影响比较关键的生理生态参数。在文献资料收集的基础上，NPP 对参与试验的生理生态参数均具有较高的敏感性，均通过了置信度为 99％的显著性水平检验。火灾植被死亡率（FM）、新细根 C 与新叶 C 分配比例（Frcel）、细根碳氮比（C：Nfr）、凋落物碳氮比（C：Nlit）、叶片碳氮比（C：Nleaf）是对 NPP 影响比较关键的参数，且对草地 NPP 的影响程度依次降低。

（2）通过气候因子敏感性分析研究发现，内蒙古草原的 NPP 对内蒙古当地气象因子的敏感性变化方向比较一致，对各个输入参数的敏感性绝对值从大到小的依次为：降水量＞日最高温度＞水汽压亏缺＞日最小温度＞短波辐射通量密度＞平均温度＞日照长度。尽管模型输入参数（除平均温度和日照长度外）的敏感性都比较高（SI＞0.2），但降水是敏感性实验中发现的对草原生产力变化影响最强烈的气象因子之一。通过不同程度降水亏缺控制模拟实验（5%、10%、20%、30%、50%、75%），发现了不同碳通量（GPP、Re、NPP、NEP）随着降水亏缺程度的不断增加，敏感性指数的绝对值不断增大，表明 NPP 对降水亏缺的响应比较敏感。

（3）基于通量观测数据，以决定系数（R^2）和均方根误差（RMSE）为模型优化评价指标，系统地评价了 Biome-BGC 模型的性能和适用性。Biome-BGC 模型的验证结果表明模拟值与观测值具有良好的吻合度和一致性，模拟误差控制在比较合理的范围内。因此，Biome-B 模型能够较好地应用于干旱对内蒙古草原生态系统的影响评估。

（4）在模型适用性评价的基础上，基于区域气象数据开展了近 50 年内蒙古草地 NPP 的模拟及其变化分析，从时间尺度分析，近 50 年草地 NPP 无显著的年际变化趋势（$p<0.05$），略呈降低的变化趋势，其趋势为 $-4.73gC/(m^2 \cdot 10a)$；从空间尺度来看，92.7% 的区域草地 NPP 在总体上也无显著变化的趋势（$p<0.05$），且不同地区变化速率存在较大的空间差异，草甸、典型和荒漠草原 NPP 的变化速率分别为 $-0.97 \sim 3.23$、$-1.30 \sim 4.35$ 和 $-0.37 \sim 4.48gC/(m^2 \cdot 10a)$。故本书模拟的 NPP 和其他学者的研究结果比较一致，进一步表明了 Biome-BGC 模型应用的可靠性。

第 4 章

干旱事件对草地生产力影响的量化方法

本章系统地探讨干旱事件对草地生产力影响的定量评估方法。通过国内外评估标准的文献调研，研究探讨了基于正常年多年 NPP 的平均值作为干旱影响的评估标准，提出干旱对草地生产力影响的评估方法。所谓的正常年 NPP 多年平均法就是利用 SPI 干旱指数识别出正常年和干旱年，将 Biome‑BGC 过程模型模拟的正常年 NPP 的多年平均值作为干旱年 NPP 的评估标准。通过比较正常年 NPP 的平均值和干旱年 NPP 的差异，刻画干旱对草地生产力造成的影响。最后通过 NPP 观测数据对评估结果合理性进行了验证，为进行草地生产力干旱影响定量估算奠定了技术基础。

4.1　引言

水是生态系统最为活跃的元素，光合作用等许多生理化学反应都离不开它。全球变化在一定程度上增强了水文循环过程，进一步增加了极端气候事件的发生频率，比如极端干旱事件（Jentsch 和 Beierkuhnlein，2008）在美国、加拿大、非洲、南美洲、澳大利亚、中国、印度等地，严重干旱经常与厄尔尼诺现象伴生（Shanahan 等，2009；Yeh 等，2009）。在全球范围内，干旱的频率、持续时间和严重程度在近几十年大幅增长（Dai，2011），尤其是在干旱和半干旱地区（Solomon，2007；Stocker 等，2013）。与此同时，干旱对人类社会和生态系统造成了严重的影响和破坏（Lambers 等，2008；Meehl 等，2000；Piao 等，2010）。区域性干旱往往造成全球性的影响，旱灾已经成为影响最为广泛的全球性自然灾害（Keyantash 和 Dracup，2002；Sternberg，2011），全球每年旱灾经济损失高达 60 亿～80 亿美元，1900—2010 年旱灾累计经济损失达 851 亿美元（EM‑DAT，2010；Wilhite，2000）。各种例证不断表明，未来的干旱可能发生得更加频繁，强度更大，持续时间更长，远远超越生态系统所能承受的压力阈值，最终导致未来的生物地球化学循环过程更剧烈（Parmesan，2006；Sheffield 和 Wood，2012）。

事实上，干旱能够显著影响植物生长、生产力、生态系统结构、组成和功能（Jentsch 等，2011；Xia 等，2014）。然而，由于干旱复杂的时空变化特征和生态系统功能属性多样化，很难有效监测和评估干旱对生态系统的潜在影响（Wang 等，2014）。大量研究已经使用许多方法来衡量干旱灾害对碳循环的影响，如通量观测和野外田间试验（Baldocchi 等，2001；Baldocchi，2003）、遥感（Asner 等，2004；Zhao 和 Running，2010）、生态系统模型（Ciais 等，2005；Woodward 和 Lomas，2004）或通量观测、卫星数据和生态系统模拟等多种手段有机结合广泛开展干旱对生态系统的影响（Reichstein 等，2007；Running 等，1999）。尽管我们有多种手段评估干旱对生态系统的影响，但是我们还缺少干旱对生态系统影响统一评估的框架和标准，不同的研究目的或标准导致干旱评估结果存在较大差异。干旱是全球对人类社会和生态环境造成威胁最严重的自然灾害之一，如何定量评估干旱造成的社会经济生态损失长期以来都是比较困难的事情（Crabtree 等，2009；Loehle，2011）。因此，本章重点探讨干旱对生态系统生产力影响的量化方法，定量刻画不同等级干旱对生产力的影响。

水分是干旱和半干旱区草地植被生长的主要限制因子（Knapp 等，2002；Smith 和 Knapp，2001）。同时，草地比其他生态系统对干旱更为敏感（Bloor 和 Bardgett，2012；Coupland，1958）。因此本书选择具有代表性的草地生态系统作为评估对象，基于 Biome-BGC 模型和 SPI 干旱指数，采用新的评估标准和方法刻画干旱对草地 NPP 的定量影响，尤其是不同等级干旱影响的量化。选择内蒙古典型的 10 个站点分别代表不同草地类型：草甸草原［海拉尔（Hailar）和通辽（Tongliao）气象站，鄂温克旗（Ewenki Banner）牧业气象站］、典型草原［锡林浩特（Xilinhot）和阿巴嘎旗（Abaga Banner）气象站，锡林浩特野外试验站（Xln）和中国科学院内蒙古草原生态系统定位研究站（锡林郭勒站：Xilingol）］和荒漠草原［阿拉善右旗（Alxa Right Banner）和苏尼特左旗（Sonid Left Banner）气象站，乌拉特中旗野外试验站（Urat Banner）］，其中气象站点数据用于不同等级干旱的影响评估，牧业气象站、野外试验站和生态定位观测站观测的 NPP 数据用于干旱影响评估结果验证。

4.2 干旱影响评估思路

干旱对生态系统影响的评估方法，可借鉴气候变化对生态系统脆弱性的评估方法——关键临界点（Critical Loads）和关键气候评估方法（Critical Climate Approach）（Bobbink 和 Hettelingh，2010；Crabtree 等，2009；Loehle，2011）。关键临界点法的定义为"基于人类当前的知识水平，排放的最高污染物浓度不会引起自然界化学变化从而导致对生态系统的结构和功能产生长期有害的影响"（Nilsson，1988）。它广泛用于评估污染物（酸、硫、氮沉降）排放及其影响、全球自然保护等（Kuylenstierna 等，2001；Porter 等，2005）。同样，关键气候方法用于评估气候变化对生态环境的负面影响（Mayerhofer 等，2001）。关键气候定义为"基于人类当前的知识水平，评估气候变化（温度和降水）的一个量化值，低于该值时对生态系统的结构和功能可能产生的长期影响"（Van Minnen 等，2002）。这种方法基于长期的大尺度视角综合评估生态系统在气候变化背景下的脆弱性，通过关键气候法可以确定对生态系统 NPP 造成长期损失可接受的阈值，例如 NPP 可接受损失的范围为历史 NPP 评估变化的 10%～20%（Van Minnen 等，2002）。

在干旱影响评估方法中，最重要的是确定干旱影响的评估标准（Van Minnen 等，2002）。事实上，由于不同的评估目的和任务，我们很难确定哪一种评估标准是合理的。目前，干旱对 NPP 的影响评估主要是通过多年平均值和干旱年状态值的差异实现的（Xu 等，2013；Zhao 和 Running，2010），将理想状态下的 NPP 平均值作为干旱影响评估标准较少被采用，主要是因为在现实自然界中由于各种胁迫的存在导致植被生长的理想条件难以达到（Wu 等，2014）。大多数采用长期平均态 NPP 作为标准，包括历史上所有湿润、正常和干旱状态下的 NPP，这种方法在干旱和半干旱区不太适用，因为该区域干旱年偏多，导致长期平均值较低。同时，有的学者采用多年气象要素平均值输入模型，以模拟的结果作为正常年的评价标准，同样导致长期平均值较低，在干旱和半干旱地区同样也不适用（Ma 等，2012），因为正常年的标准或正常年 GPP/NPP、NDVI 的标准以历史多年的平均为基础（Crabtree 等，2009；Xiao 等，2009；Zhang 等，2012b），并未剔除干旱年或极端湿润年的 GPP/NPP、NDVI，这样可能导致干旱影响评估的误差比较大，出现高估或低估现象。只有少数学者剔除了干旱年的 NPP，但是未剔除较湿润年的 NPP，导致对干旱的影响出现了高估（Castro 等，2005）。因此，本书采用比较合理的正常年 NPP 多年平均值作为干旱影响的评估标准，以剔除干旱年和湿润年对评估结果的干扰，同时尽可能地降低模拟或评估误差。这主要是由于我们通常比较的标准是正常年，既非干旱年也非湿润年，因为目前普遍比较接受的干旱定义是"在一个季节或更长的时期内，当降水量比期望的'正常'值少且不能满足人类活动的需要时，干旱就发生了"（Dracup 等，1980；Hayes，2006；Wilhite，2014）。因此，与正常年生产力状况相比更具有科学意义和价值。本研究的正常年是指根据 SPI 干旱指数识别的正常降水年份，即 SPI 为 [−1，1] 时识别的年份（Song 等，2013）。

图 4−1 展示了本书研究的干旱对生态系统影响评估的原理。在无干旱胁迫的理想状态下，植被生长良好，NPP 相对较高，如虚线 a 所示；NPP 的多年平均值也相对较高，如虚线 b 所示。然而这种情况在现实中存在概率较低，无论怎样，植被总是生存在各种各样的环境胁迫中（Bonan，2002）。事实上，由于干旱等许多干扰的存在，NPP 一直处于一种上下波动的状态，导致 NPP 的实际情况如实线 c 所示；NPP 的历史多年平均值如两条虚线 d 显示。为了排除干旱和湿润年份 NPP 对正常年 NPP 的干扰，我们选择 SPI 值为 −1.0～1.0 时正常年的 NPP，采用正常年 NPP 的平均值作为干旱对生态系统造成不可接受影响的一个阈值。在不同的区域，这个值可能高于或低于 NPP 的历史多年 NPP 平均值。通常，在湿润地区，干旱发生频率相对较低，正常年 NPP 平均值可能低于历史多年 NPP 平均值；在干旱和半干旱区，干旱发生频率相对较高，正常年 NPP 平均值可能高于历史多年 NPP 平均值。图 4−1 中不同阴影部分面积分别表示不同等级干旱对生态系统造成的累积影响，即低于正常年 NPP 平均值时的状态，A、B、C 三处分别表示中等、严重和极端干旱事件对 NPP 造成的影响。实际上，由于干旱发生发展过程和生态系统结构及功能的复杂性，干旱对生态系统造成的影响可能是正作用也有可能是负作用（正作用表示干旱造成 NPP 损失或降低，负作用表示 NPP 在干旱时期增加或升高）。同时，由于干旱事件及其影响的复杂性（如在同一年可能发生两次或多次不连续的干旱事件，在此情况下可考虑将多次干旱事件累积合并成为一次干旱事件的影响），并考虑干旱事件影响可能存

在一定的滞后性，有的研究从年尺度 NPP 变化刻画不同干旱事件造成的影响，如干旱的严重性及干旱发生在植被生长的不同物候时期，生态系统抵抗力和恢复力的大小等因子共同决定干旱对生态系统最终的影响及其响应（Tilman 和 El Haddi，1992；Tilman 等，2006）。

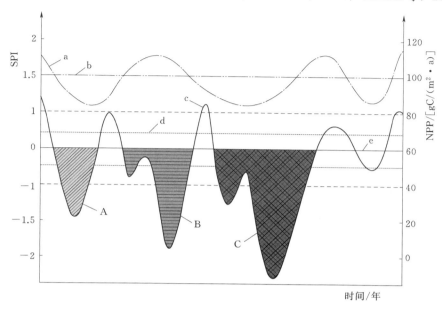

图 4 - 1　不同干旱评估标准下 NPP 变化示意图

a—预期 NPP；b—预期平均 NPP；c—已测 NPP；d—长期平均 NPP；e—SPI$_{[-1,1]}$下平均 NPP；
A—中等干旱影响；B—严重干旱影响；C—极端干旱影响

本书基于 Biome - BGC 和 SPI 干旱指数采用正常年 NPP 多年平均法，定量评估不同等级干旱对不同草地类型生态系统 NPP 造成的影响。第一步，我们准备了 Biome - BGC 模型所需的气象数据（包括正常年和干旱年）、CO_2 和 N - deposition、植被土壤和生理生态参数（如第 2 章数据部分的内容介绍），然后采用实测数据（实验和通量观测数据）校准生态系统模型，进而模拟所有年份的 NPP（如第 3 章的内容介绍）；第二步，基于站点和栅格月降水数据进行 SPI 的计算，用于识别干旱年和正常年及不同等级干旱事件（强度和持续时间等）；第三步，通过比较所有正常年平均的 NPP 和干旱年的 NPP 的差值刻画干旱的影响；最后，在不同时空尺度上评估不同等级干旱（事件）对 NPP 的影响，如点、局部、区域和全球空间尺度和 1 年、近 50 年甚至 100 年的时间尺度。此方法通过正常年多年 NPP 平均值和干旱年 NPP 值这两种情况相减，能够有效地消除误差，如模型模拟的系统偏差（包括数据误差、标定误差和其他变化因素的干扰），提高评估的精度。干旱对 NPP 影响的评估如式（4 - 1）所示。

$$\Delta NPP = NPP_{atru} - NPP_{dtru}$$
$$= (NPP_{amod} + \varphi) - (NPP_{dmod} + \varphi)$$
$$= (NPP_{amod} + \delta + \omega + \tau) - (NPP_{dmod} + \delta + \omega + \tau)$$
$$= NPP_{amod} - NPP_{dmod} = \frac{1}{n}\sum_1^n NPP_i - NPP_{dmod} \qquad (4-1)$$

式中　ΔNPP——干旱造成的 NPP 异常（可能是正值也是可能是负值）；

　　　NPP_{atru}——正常年多年平均真实值；

　　　NPP_{dtru}——干旱年真实值；

　　　NPP_{amod}——正常年多年平均模拟值；

　　　NPP_{dmod}——干旱年的模拟值；

　　　NPP_i——第 i 个正常年的模拟值；

　　　n——模拟的年数；

　　　φ——模拟的系统误差，包括输入数据误差（δ）、校准误差（ω）和其他误差（τ，主要由全球变化因子造成的误差）。

为了便于评估干旱对草地生产力的定量影响，符合通常人们的思维习惯，以 NPP 变化量正值的大小表示 NPP 减产量及减产率，负值的大小表示 NPP 增产量。

4.3　典型干旱事件识别

在确定合理的干旱评估方法后，本书基于站点月降水数据进行了干旱状况的识别。采用 6 个月尺度 SPI（SPI_6）进行 1961—2009 年内蒙古 6 个典型站点生长季干旱情况的识别，因为 4—6 个月尺度的 SPI 比较适合草地生长季干旱状况的分析（Lotsch 等，2003）。干旱识别的规则（Spinoni 等，2013）如下。

（1）干旱从 SPI_6<−0.5 开始，至 SPI_6>−0.5 为止。

（2）通过干旱开始月份和结束月份，确定干旱的持续时间。

（3）以 SPI_6 所达到的最低值为判断准则，识别不同等级干旱事件。

通过以上规则，基于 SPI_6 对各个站点中等、严重和极端干旱的发生次数进行识别与统计，如表 4-1 和图 4-2 所示。

表 4-1　　　　　　　　　　近 50 年内蒙古不同气象站点干旱状况表

站点	正常年数	干旱年数	中等干旱		严重干旱		极端干旱	
			次数/次	发生年度	次数/次	发生年度	次数/次	发生年度
阿拉善右旗站	28	21	10	1965、1966、1970、1973、1979、1981、1985、1986、1992、2000	7	1961、1964、1968、1971、1975、1984、2009	4	1962、1963、1966、1986
苏尼特左旗站	28	21	11	1963、1973、1978、1982、1984、1985、1986、1987、1992、2005、2009	6	1964、1980、1993、1997、1999、2007	4	1962、1965、1972、2006
锡林浩特站	20	30	16	1962、1963、1966、1970、1973、1976、1978、1983、1984、1987、1992、1993、1996、1998、2005、2008	11	1967、1965、1964、1971、1972、1980、1990、1992、2002、2007、2006	3	1968、1982、1997

站点	正常年数	干旱年数	中等干旱		严重干旱		极端干旱	
			次数/次	发生年度	次数/次	发生年度	次数/次	发生年度
阿巴嘎旗站	20	30	14	1961、1962、1963、1966、 1974、 1976、1978、 1979、 1983、1993、 2000、 2001、2005、2009	10	1964、1967、1971、1973、 1980、 1982、1987、1992、1998、1999	6	1966、1968、1972、1997、2006、2007
通辽站	21	29	17	1963、1964、1966、1970、 1972、 1974、1976、 1980、 1983、1984、 1992、 1993、2000、 2002、 2005、2006、2008	9	1961、1965、1967、1971、 1976、 1980、1996、1999、2007	3	1968、1982、1997
海拉尔站	23	27	14	1962、1966、1969、1973、 1974、 1975、1983、 1986、 1988、1992、 1993、 1996、1999、2007	9	1965、1966、1970、1971、 1979、 1989、1991、2001、2006	4	1967、 1968、1981、1997

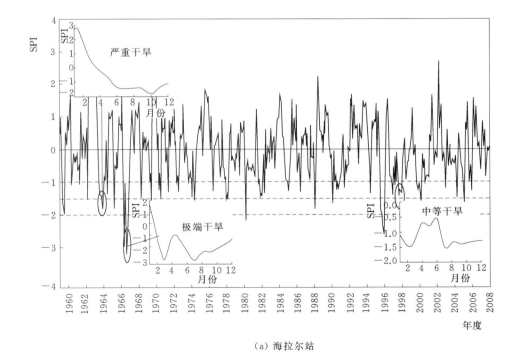

（a）海拉尔站

图 4-2（一） 基于 6 个月尺度的 SPI 识别的内蒙古站点的干旱状况（A）
和不同等级干旱事件（B）

45

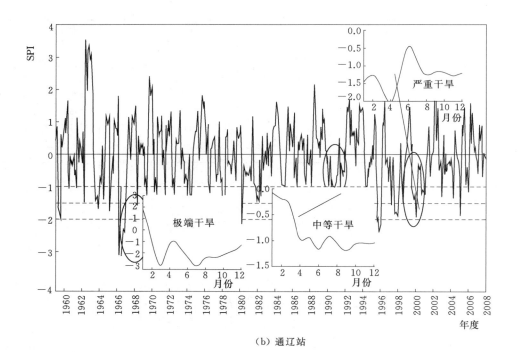

（b）通辽站

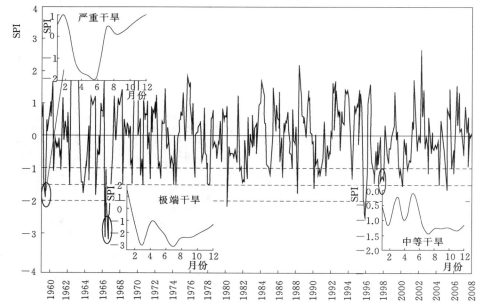

（c）锡林浩特站

图 4-2（二） 基于 6 个月尺度的 SPI 识别的内蒙古站点的干旱状况（A）
和不同等级干旱事件（B）

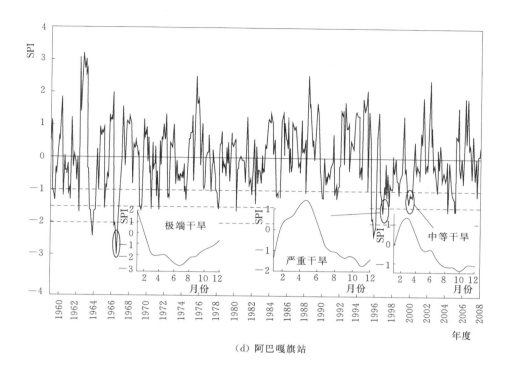

（d）阿巴嘎旗站

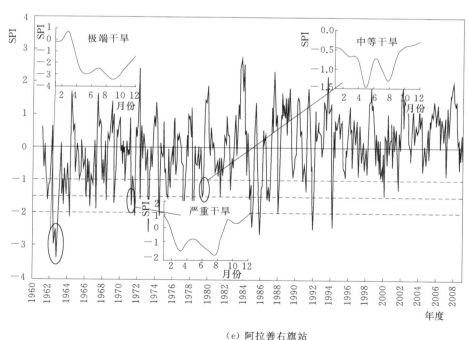

（e）阿拉善右旗站

图 4 - 2（三）　基于 6 个月尺度的 SPI 识别的内蒙古站点的干旱状况（A）
和不同等级干旱事件（B）

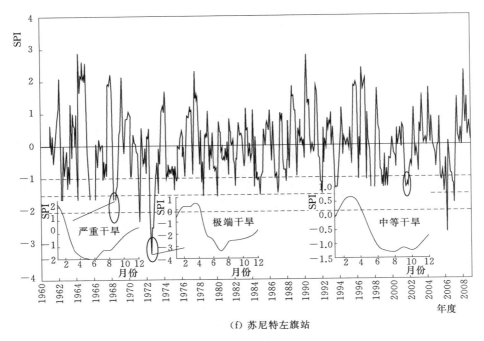

(f) 苏尼特左旗站

图 4-2（四）　基于 6 个月尺度的 SPI 识别的内蒙古站点的干旱状况（A）
和不同等级干旱事件（B）

干旱频率是表征干旱状况的重要指标（Edwards，1997；Spinoni 等，2013）。总体上，每个站点的干旱发生频率均比较高，平均 1.58 年/次，其中中等、严重和极端干旱的发生频率分别为 3.8 年/次、6.0 年/次、12.5 年/次，因此，干旱的发生频率大小：中等干旱＞严重干旱＞极端干旱。与文献广泛报道的内蒙古草原干旱频率高，三年两旱、五年一大旱的特征基本一致（伏玉玲等，2006；刘春晖，2013；张美杰，2012）。草甸草原站点干旱频率高于典型草原站点干旱频率，荒漠草原站点干旱的发生频率最低。

以草甸草原通辽站点［图 4-2（b）］为例，比较典型的中等、严重和极端干旱分别发生在 2005 年、2002 年和 1968 年。从图 4-2（b）中可以比较清楚地识别干旱的强度、持续时间和发生发展过程，通辽站 2005 年的中等干旱开始于 1 月并于 11 月末结束，正好发生在整个生长季（4—10 月），在干旱发生期间 SPI 值出现了 6 月（SPI 值为 −1.18）和 9 月（SPI 值为 −1.20）两次波谷。虽然干旱等级比较低，但是发生在关键生长阶段可能对草地生态系统造成的影响比较严重；而 2002 年的严重干旱正好开始于 1 月并于 12 月末结束，SPI 最低值为 −1.98，出现在 4 月，持续时间比较长，横跨整个草地植被生长季，但在中间月份（5—8 月）有所缓和，达到中等级别干旱（SPI 值为 −1.24），可能会对草地生态系统造成严重的影响；1968 年的极端干旱开始于 2 月并于 12 月末结束，在干旱发生期间 SPI 值出现了 3 月（SPI 值为 −3.06）和 7 月（SPI 值为 −3.10）两次波谷。7 月份是植被生长最关键的阶段，因为 7 月份的降水对植被生长的作用最大，此时发生的干旱可能会对草地生态系统造成更严重的影响（郭群等，2013）。

以典型草地锡林浩特站点［图 4-2（c）］为例，比较典型的中等、严重和极端干旱分别发生在 1999 年、1960 年和 1968 年。从图 4-2（c）中中可以比较清楚地识别干旱的强度、持续时间和发生发展过程，锡林浩特站 1999 年的中等干旱开始于 5 月末并于次年 2 月末结束，在干旱发生期间 SPI 值出现了 7 月（SPI 值为-1.45）的波谷，正好发生在生长季的关键生长阶段（6—8 月），可能对草地生态系统造成的影响比较大；而 1960 年的严重干旱正好发生在 3—6 月，在干旱发生期间 SPI 值出现了 5 月（SPI 值为-1.93）的波谷，6 月旱情开始缓解，7 月初期干旱结束，持续时间比较短且发生在生长季的初期，可能会对草地生态系统造成相对不太严重的影响。而 1968 年的极端干旱开始于 1 月下旬并于 12 月末结束，在干旱发生期间 SPI 值出现了 3 月（SPI 值为-3.08）和 7 月（SPI 值为-3.20）两次波谷，在 4—5 月有所缓解达到中等干旱级别（SPI 值为-1.04），在 8 月份开始缓解干旱等级为中等，一直持续到 12 月结束。由于干旱发生在植被生长的最关键期，此次极端干旱可能会对草地生态系统造成非常严重的影响。

以荒漠草原阿拉善右旗站点［图 4-2（e）］为例，比较典型的中等、严重和极端干旱分别发生在 1979 年、1971 年和 1962 年。从图 4-2（e）中可以比较清楚地识别干旱的强度、持续时间和发生发展过程，阿拉善右旗站 1979 年的中等干旱开始于 1 月并于 10 月末结束，正好横跨整个生长季（4—9 月），在干旱发生期间 SPI 值出现了 5 月（SPI 值为-1.46）和 8 月（SPI 值为-1.29）两次波谷，6—7 月期间旱情有所缓解，SPI 最低值为 0.73，可能对草地生态系统造成的影响比较小；而 1971 年的严重干旱正好开始于 2 月末并于 9 月初结束，持续时间比较长，横跨整个草地植被的生长季，在干旱发生期间 SPI 值出现了 3 月（SPI 值为-1.77）和 8 月（SPI 值为-1.99）两次波谷，但在 5 月有所缓和（SPI 值为-0.73），7 月以后又持续发展至严重干旱等级，可能会对草地生态系统造成严重的影响；1962 年的极端干旱开始于 3 月下旬并于次年 3 月末结束，横跨整个草地植被的生长季，在干旱发生期间 SPI 值出现了 5 月（SPI 值为-2.97）和 9 月（SPI 值为-3.39）两次比较大的波谷，但在 7 月干旱强度值有所变大（SPI 值为-2.5），整个干旱发生过程强度变化比较剧烈，是一次比较极端的干旱事件，可能会对草地生态系统造成极大的影响。

从图 4-3 的站点尺度月干旱强度分布矩阵图中，可以更清晰地对比每个站点 1961—2009 年月干旱强度的演变过程和选取的不同等级干旱典型事件强度的变化过程，颜色越深表示干旱状况越严重。图 4-3（a）表示近 50 年海拉尔站、通辽站、锡林浩特站、阿巴嘎旗站、阿拉善右旗站和苏尼特左旗站干旱强度的变化。从图中可以清楚地看出 1968 干旱年是一次对区域不同草地类型影响比较大的极端干旱，另外一次区域性干旱是 1997 年，总体上干旱严重性从草甸草原站点、典型草原站点到荒漠草原站点逐渐加重。2006 年除了北部的海拉尔站未出现干旱外，其他站点出现了的严重干旱，但草甸和典型草原站点的干旱严重性比荒漠草原站点干旱情况加重。图 4-3（b）表示不同等级干旱的比较和演进过程。对于同一等级干旱事件，荒漠和典型草原站点干旱的严重性比草甸草原站点干旱相对要更严重，主要是表现在 SPI 值逐渐变小，持续时间也较长，干旱的严重性不断加重，尤其是极端干旱随着草甸、典型和荒漠草原地带性的梯度变化干旱严重性逐渐增强，可能对草地产生的影响也相对越严重。

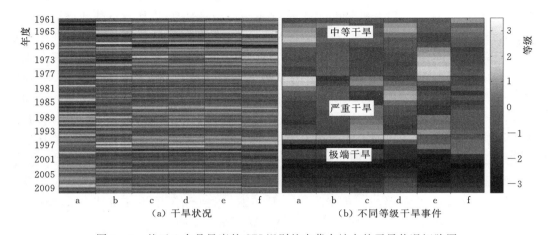

图 4-3　基于 6 个月尺度的 SPI 识别的内蒙古站点的干旱状况矩阵图
和不同等级干旱事件矩阵图

a—海拉尔站；b—通辽站；c—锡林浩特站；d—阿巴嘎旗站；e—阿拉善右旗站；f—苏尼特左旗站

4.4　典型干旱事件对草地生产力的影响评估

4.4.1　相关性及滞后性分析

在干旱事件识别的基础上，本书采用校准的 Biome-BGC 模型对 6 个站点 1961—2009 年的 NPP 进行模拟。干旱对草地 NPP 的影响程度到底有多大，相关性分析成为了有效的检测手段，是定量估算干旱对 NPP 影响的基础。图 4-4 反映了不同站点草地生产力的时间动态与干旱年际变化的相互关系。从图 4-5 中发现，干旱是造成 NPP 年际波动的影响因子，NPP 与水分状态呈显著正相关，二者的相关系数均大于 0.5，且均通过了 0.001 的显著性水平检验，与其他学者发现的草地生态系统对干旱具有高度敏感性的结论一致（Zhang 等，2014）。从图中可以看出不同站点 NPP 随草地干湿状况的变化上下波动，最高的 NPP 发生在最湿润年份，而最低的 NPP 发生在最干旱年份（Chen 等，2012）。不同站点的结果均表明 SPI_12 和 NPP 的二者变化趋势比较一致。但不同草地类型的相关性有所差别，典型草原 NPP 和 SPI_12 的相关系数最高（$R > 0.72$），次之是草甸草原（$R > 0.66$），相关系数最低的是荒漠草原（$R > 0.5$），与草甸—典型—荒漠草原降水梯度变化的效应是一致的，表明荒漠草原对干旱的抵抗力稳定性比较高（Guo 等，2012）。因此，干旱是造成草地 NPP 变化的诱导因子。

从图 4-4 还可以发现：草地生产力对干旱的响应存在一定的滞后效应，如图中虚线椭圆圈所示。不同草地站点均存在一定程度的滞后效应。目前，这种滞后效应在全球各地的草地生态系统中均有研究报道，通常持续 1 年甚至数年之久（Lauenroth 和 Sala，1992；Schwinning 等，2004；Webb 等，1978）。由于干旱对草地生产力的影响是通过土壤水分亏缺间接施加的，加之植物自身具有一定的调节功能，这可能在时间上会存在滞后效应。Wiegand 发现南非草地生产力与降水之间的响应存在 1—3 月的时间滞后

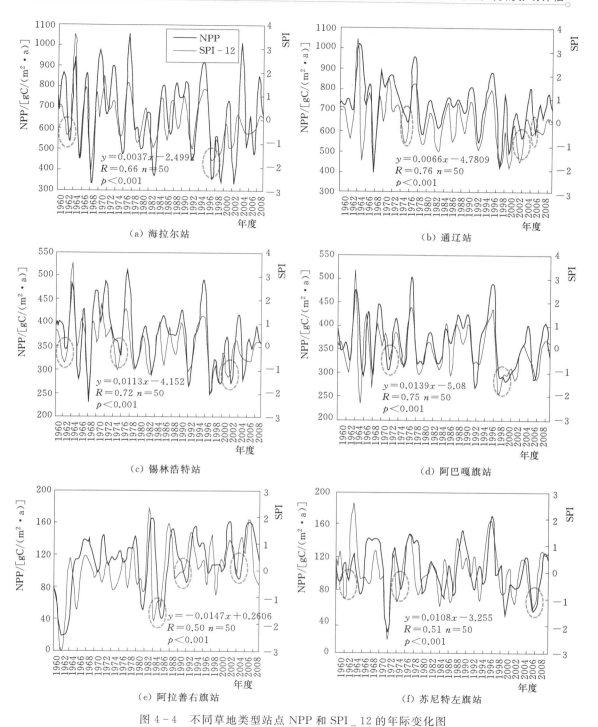

图 4-4 不同草地类型站点 NPP 和 SPI_12 的年际变化图

（Wiegand 等，2004）。不同学者均发现内蒙古草地生产力对降水变化存在一定的滞后性（王玉辉和周广胜，2004）。而且相关学者还发现是干旱导致了植被对水分响应的滞后效

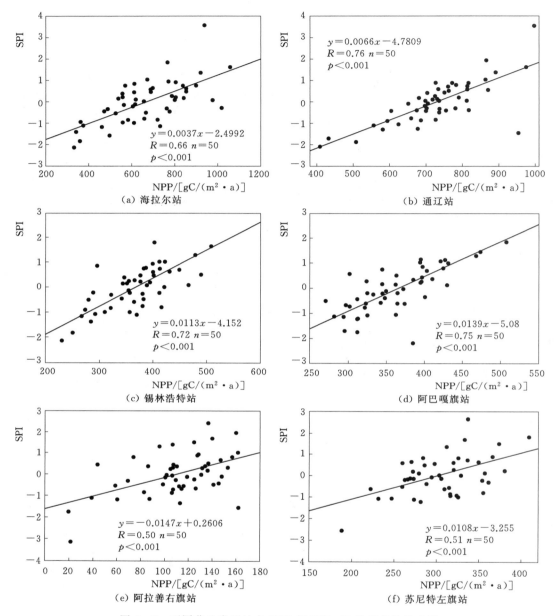

图 4-5　不同草地类型站点 NPP 与 SPI_12 的相关性散点图

应，而且滞后效应与干旱强度呈正比关系（Yahdjian 和 Sala，2006），即干旱引起的土壤水分消耗程度在很大程度上决定了植被对干旱的滞后效应，同时还发现对干旱响应的滞后效应与物种的生存策略存在强相关关系（Van der Molen 等，2011）。然而，多数情况下，干旱施加的影响和当年草地生产力动态是同步的（Haddad 等，2002），本书研究也发现了类似的现象：内蒙古草地 NPP 变化与 SPI_12 的变化趋势大多数情况下是比较一致的。

本书发现草地生产力与干旱存在显著相关和一定的滞后效应，滞后时间相对比较短

（1～3个月）。干旱对 NPP 造成的影响可能不等于几次干旱事件造成影响的代数和，因为 NPP 对干旱响应的滞后性，前一次的干旱可能会在一定程度上干扰本次干旱事件的影响（Haddad 等，2002），可能存在所谓的干旱记忆效应以增强对干旱的抵抗能力（Walter，2012）。因此，本书研究的干旱影响评估方法不仅能够评估一次干旱事件或多次干旱事件合并后对当年 NPP 产生的影响，而且还可以从更长时间尺度评估不同等级干旱事件对草地生产力产生的滞后效应。

4.4.2　干旱评估标准确定

在干旱与草地 NPP 相关性及滞后性分析的基础上，进一步证明本书研究的干旱评估方法的适用范围和性能。研究进一步根据正常年 NPP 多年平均法和历史多年 NPP 平均法，分别确定干旱评估标准，即确定各个站点正常年 NPP 多年平均值，如图 4-6 和表 4-2 所示。

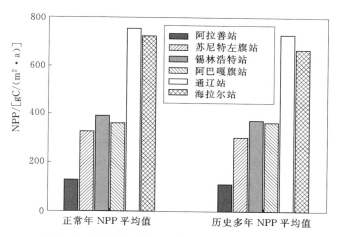

图 4-6　不同草地类型站点干旱影响评估标准图

表 4-2　　　　　　　　　基于两种评估标准确定的不同草地站点 NPP 平均值

站点名	正常年 NPP 多年平均值 /[gC/(m² · a)]	历史多年 NPP 平均值 /[gC/(m² · a)]
阿拉善站	128.2	110.45
苏尼特左旗站	326.85	305.64
锡林浩特站	392.65	375.01
阿巴嘎旗站	361.73	365.62
通辽站	754.00	729.05
海拉尔站	722.86	668.56

对于干旱区和半干旱区而言，由于干旱的年份相比湿润年份相对较多，因此，正常年多年平均法所确定的干旱评估标准值高于历史多年平均法所确定的标准值。

位于最西部的荒漠草原阿拉善右旗正常年 NPP 多年平均值最低，为 128.2gC/(m² · a)，最东部草甸草原通辽站正常年 NPP 多年平均值最高，为 754gC/(m² · a)，其他站点 NPP 为 300～400gC/(m² · a)。采用历史多年 NPP 平均法所确定的干旱评估标准也是同样的规律，位于最西部的荒漠草原阿拉善右旗正常年 NPP 多年平均值最低，为 110.45gC/(m² · a)，最东部草甸草原通辽站正常年 NPP 多年平均值最高，为 729.05gC/(m² · a)，其他站点 NPP 为 300～400gC/(m² · a)。正常年平均法所确定的草甸、典型和荒漠草原 NPP 的平均值（基于不同草地类型站点平均）分别为 227.525gC/(m² · a)、377.19gC/(m² · a) 和 738.43gC/(m² · a)；历史多年平均法所确定的草甸、典型和荒漠草原 NPP 的平均值分别为 208.045gC/(m² · a)、370.315gC/(m² · a) 和 698.805gC/(m² · a)；二者之间差异的平均值为 21.99gC/(m² · a)。NPP 值的变化呈现出沿降水梯度变化的基本特征，基于两种方法确定的干旱评估标准，对不同等级干旱对 NPP 造成的影响进行评估。

4.4.3　不同等级干旱事件对草地生产力的影响

为了进一步辨析不同等级干旱事件对草地生产力影响的差异，本书研究探讨了不同等级干旱事件对草地生产力造成的定量影响及其差异，如图 4-7、表 4-3 和表 4-4 所示。基于阿拉善站、苏尼特左旗站、锡林浩特站、阿巴嘎旗站、通辽站和海拉尔站的结果进行统计分析。对草甸草原而言，中等、严重和极端干旱事件造成的平均损失依次递增为 57.66gC/(m² · a)、89.29gC/(m² · a) 和 174.13gC/(m² · a)，这与其他学者得出的结论一致：随着干旱严重性的加剧，NPP 显著减少（Chen 等，2012）。在通辽站点，1992 年的中等干旱事件、2002 年的严重干旱事件和 1968 年的极端干旱事件造成的草地 NPP 损〔JP2 失分别为 173.25gC/(m² · a)、177.61gC/(m² · a) 和 351.01gC/(m² · a)。在典型草原，中等、严重和极端干旱事件造成的平均损失依次递增为 44.29gC/(m² · a)、68.21gC/(m² · a) 和 127.38gC/(m² · a)。在锡林浩特站点，1999 年的中等干旱事件、1961 年的严重干旱事件和 1968 年的极端干旱事件造成的 NPP 损失分别为 108.75gC/(m² · a)、120.15gC/(m² · a) 和 161.45gC/(m² · a)。在荒漠草原中，中等、严重和极端干旱事件造成的平均损失依次递增为 31.02gC/(m² · a)、47.75gC/(m² · a) 和 73.45gC/(m² · a)。在苏尼特左旗站点，1993 年的中等干旱事件、1999 年的严重干旱事件和 1972 年的极端干旱事件造成的 NPP 损失分别为 49.4gC/(m² · a)、100.5gC/(m² · a) 和 228.8gC/(m² · a)。可见不同等级干旱对不同草地类型的影响存在较大差异，同一等级干旱事件造成的影响也存在较大差异，比如阿拉善右旗 1979 年的中等干旱由于发生在生长季的初期，干旱持续事件也相对较短，反而促进了 NPP 的增加。

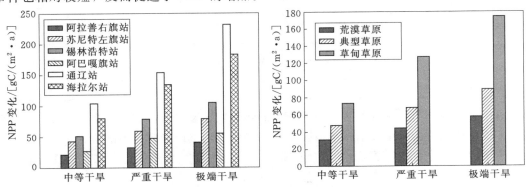

图 4-7　不同等级干旱对不同站点及不同草地类型 NPP 造成的影响图

表 4 - 3　　内蒙古近 50 年不同等级干旱事件对不同草地站点 NPP 造成影响的均值表

站点名称	干　旱　等　级		
	中等干旱的 NPP 均值 /[gC/(m² · a)]	严重干旱的 NPP 均值 /[gC/(m² · a)]	极端干旱的 NPP 均值 /[gC/(m² · a)]
阿拉善右旗站	21.75[1979 中等干旱：−0.7（表示 NPP 增加）]	32.3（1971 年严重干旱：26.5）	40.8（1962 年极端干旱：106.2）
苏尼特左旗站	42.89（1993—1994 中等干旱：49.4）	58.85（1999 年严重干旱：100.5）	79.38（1972—1973 年极端干旱：228.8）
锡林浩特站	51.36（1999 年中等干旱：108.75）	78.95（1960 年严重干旱：120.15）	105.42（1968 年极端干旱：161.45）
阿巴嘎旗站	26.45（2001 年中等干旱：50.33）	47.45（1998 年严重干旱：67.43）	55.4（1968 年极端干旱：67.03）
通辽站	104.37（2005 年中等干旱：149.1）	153.9（2002 年极端干旱：172.3）	231（1968 年极端干旱：345.7）
海拉尔站	79.95（1998 年中等干旱：144.56）	133.53（1965 年严重干旱：227.46）	182.91（1968 年极端干旱：390.16）

表 4 - 4　　　　不同等级干旱事件对不同类型草地 NPP 造成的影响均值表

草地类型	干　旱　等　级		
	中等干旱的 NPP /[gC/(m² · a)]	严重干旱的 NPP /[gC/(m² · a)]	极端干旱的 NPP /[gC/(m² · a)]
荒漠草原	31.02	47.75	73.45
典型草原	44.29	68.21	127.38
草甸草原	57.66	89.29	174.13

　　从 NPP 损失量上看，同一等级干旱沿荒漠、典型和草甸草原的地带过渡逐渐增大。在干旱和半干旱地区，NPP 受水分因子的控制作用比较强烈（Ni，2004；马文红等，2008），本书研究结果也证明了这一结论，降水对 NPP 的控制作用比较显著（只有少数站点未通过显著性检验）。由于不同草地生态系统物种不同且资源的利用效率存在差异，而且群落结构特征和物种多样性是群落生产力的重要决定因子（Zheng 等，2010；纪文瑶，2013）。不同物种组成或群落结构对外界干扰（干旱）的响应存在显著区别（Huxman 等，2004a；Kahmen 等，2005；毛志宏和朱教君，2006）。在美国南部，松树的年平均 NPP 随着干旱强度的增加显著降低，但橡树和中生植物仅轻微减少（Klos 等，2009）。其他学者也发现干旱对中国区域 NPP 造成的影响差异主要是由于干旱强度、持续时间以及植被类型的不同导致的（Pei 等，2013）。Peng 等在内蒙古草原也发现年降水量分别减少 10%、20% 和 30%，NPP 分别降低 27%、42% 和 54%（Peng 等，2013）。还有学者也发现 NPP 随年降水量呈指数变化（Le Houerou，1984；胡中民等，2007）。当干旱强度达到峰值时，干旱和 NPP 异常的相关性最高（Pei 等，2013）。因此，不同等级干旱对同一草地类型影响存在显著差异，同一等级干旱水平对不同草地生态系统的影响也存在较大差异。

　　本书研究的评估结果和一些学者的研究结果比较一致。本书的研究区站点 NPP 因干旱 NPP 损失率为 51.75%，而美国南部区域 NPP 干旱损失率为 40%（Chen 等，2012）。在美国南部传统高降水区，极端干旱造成的区域所有植被类型 NPP 平均损失为 41.74gC/（m²·a）（基于 Chen 文中数据通过单位换算而来）（Chen 等，2012），在半干旱和干旱区草地 NPP 损失为 115.82gC/（m²·a），这表明草地比其他生态系统类型（森林）受干旱的影响更严重（Ciais 等，2005；Coupland，1958）。另外，xiao 等极端干旱造成的中国草地 NPP 损失为 154gC/（m²·a）（基于 Xiao 文中数据通过单位换算而来）（Xiao 等，2009），而本书的研究区站点极端干旱对内蒙古三种草地生产力造成的平均损失为 149.67gC/（m²·a），二者的研究结果是比较一致的。

4.4.4　近 50 年干旱事件对不同类型草地生产力的总影响

在进行相关性和确定干旱影响评估标准的基础上，本书对 1961—2009 年不同站点 NPP 因干旱造成的总损失和平均损失进行了估算。总体上，采用正常年多年平均法评估的 NPP 损失高于历史多年平均法的结果，如图 4-8 所示。在过去 50 年里，正常年平均法估算的中等以上干旱事件对草甸、典型和荒漠草原造成的 NPP 总损失分别为 4067.35gC/（m²·a）、1403.94gC/（m²·a）和 1363.43gC/（m²·a）（基于不同草地类型站点平均结果）；历史多年平均法估算的中等以上干旱事件对草甸、典型和荒漠草原造成的 NPP 总损失分别为 2835.88gC/（m²·a）、1177.20gC/（m²·a）和 804.05gC/（m²·a）；采用正常年平均平均法估算的干旱事件总损失结果比历史多年平均法估算的结果对于草甸、典型和荒漠草原分别高 1231.47gC/（m²·a）、226.74gC/（m²·a）和 559.38gC/（m²·a）。通过 NPP 总损失与每种草地类型干旱次数的比值，正常年平均法估算求得草甸、典型和荒漠草原 NPP 平均损失为 128.31gC/（m²·a）、49.56gC/（m²·a）和 39.96gC/（m²·a）；历史多年平均法估算求得草甸、典型和荒漠草原 NPP 平均损失为 109.07gC/（m²·a）、43.18gC/（m²·a）和 32.7gC/（m²·a）。采用正常年平均平均法估算的干旱事件损失平均结果比历史多年平均法估算的结果对于草甸、典型和荒漠草原分别高 17.65gC/（m²·a）、6.38gC/（m²·a）和 7.26gC/（m²·a）。

对于不同草地类型站点 NPP 变化而言，1961—2009 年，正常年平均法估算的中等以上干旱事件对海拉尔站、通辽站、锡林浩特站、阿巴嘎旗站、阿拉善右旗站和苏尼特左旗站造成的 NPP 总损失分别为 5170.66gC/（m²·a）、2964.03gC/（m²·a）、1795.25gC/（m²·a）、1012.62gC/（m²·a）、1152.7gC/（m²·a）和 1574.15gC/（m²·a），如图 4-8 和表 4-5 所示。历史多年平均法估算的中等以上干旱事件对海拉尔站、通辽站、锡林浩特站、阿巴嘎旗站、苏尼特左旗站和阿拉善右旗站造成的 NPP 总损失分别为 3606.76gC/（m²·a）、2065.00gC/（m²·a）、1248.41gC/（m²·a）、1105.98gC/（m²·a）、958.10gC/（m²·a）和 650gC/（m²·a）；采用正常年平均平均法估算的干旱事件总损失结果比历史多年平均法估算的结果对于海拉尔站、通辽站、锡林浩特站、阿巴嘎旗站、苏尼特左旗站和阿拉善右旗站分别高 1563.90gC/（m²·a）、899.03gC/（m²·a）、546.84gC/（m²·a）、−93.36gC/（m²·a）、616.05gC/（m²·a）和 502.70gC/（m²·a），其中负值表示正常年平均法评估的结果低于历史多年平均法。同样，通过按照干旱事件发生次数求 NPP 损失平均值发现，采用正常年平均平均法估算海拉尔站、通辽站、锡林浩特站、阿巴嘎旗站、苏尼特左旗站和阿拉善

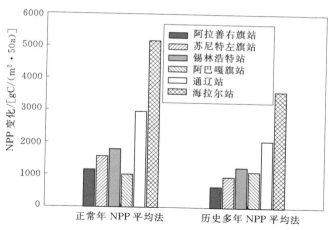

图 4-8 基于正常年和历史多年平均法估算的近50年
内蒙古不同站点 NPP 总损失图

右旗站的干旱事件平均损失分别为 166.80gC/(m²·a)、89.82gC/(m²·a)、57.92gC/(m²·a)、41.19gC/(m²·a)、44.98gC/(m²·a)、34.93gC/(m²·a)，如图 4-9 和表 4-5所示。采用历史多年平均法估算海拉尔站、通辽站、锡林浩特站、阿巴嘎旗站、苏尼特左旗站和阿拉善右旗站的干旱事件平均损失分别为 138.72gC/(m²·a)、79.42gC/(m²·a)、40.27gC/(m²·a)、46.08gC/(m²·a)、38.32gC/(m²·a) 和 27.08gC/(m²·a)；采用正常年平均平均法估算的干旱事件总损失结果比历史多年平均法估算的结果对于海拉尔站、通辽站、锡林浩特站、阿巴嘎旗站、苏尼特左旗站和阿拉善右旗站分别高 28.08gC/(m²·a)、10.40gC/(m²·a)、17.65gC/(m²·a)、−4.89gC/(m²·a)、6.66gC/(m²·a) 和 7.85gC/(m²·a)。

表 4-5 基于历史多年平均法和正常年平均法的近50年
干旱事件造成的总损失和平均损失表

站点名称	评 估 方 法			
	历史多年平均法估算的总损失/[gC/(m²·a)]	历史多年平均法估算的平均损失/[gC/(m²·a)]	正常年平均法估算的总损失/[gC/(m²·a)]	正常年平均法估算的平均损失/[gC/(m²·a)]
阿拉善右旗站	650	27.08	1152.7	34.93
苏尼特左旗站	958.1	38.32	1574.15	44.98
锡林浩特站	1248.41	40.27	1795.25	57.92
阿巴嘎旗站	1105.98	46.08	1012.62	41.19
通辽站	2065	79.42	2964.03	89.82
海拉尔站	3606.76	138.72	5170.66	166.8

从损失绝对量上比较，这与降水和草地类型梯度变化比较一致，随着从草甸、典型到荒漠草原的过度逐渐递减（Bai 等，2008；Guo 等，2012）。从损失百分率上比较草甸、典型和荒漠草原的 NPP 损失百分率依次为 17.4% [128.31/738.43gC/(m²·a)]、13.1%

［49.56/377.19gC/（m² · a）］ 和 17.6％ ［39.96/227.525gC/（m² · a）］，呈 U 形规律分布，草甸和荒漠草原 NPP 损失百分率比较接近。本书的研究结果与 Guo 等发现的降水对荒漠和草甸草原地上净初级生产力的决定作用大于其对典型草原的决定作用这一结论比较一致（Guo 等，2012），然而这仅仅是 6 个典型站点分析的结果，是否具有普遍规律还需要进一步的研究。

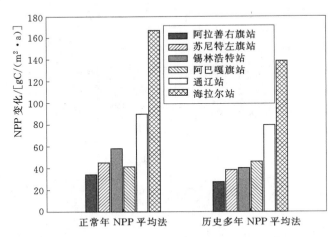

图 4 - 9　基于正常年和历史多年平均法估算的近 50 年
内蒙古不同站点平均损失图

　　干旱与草地生产力之间的关系与不同草地类型物种丰富度和不同物种的环境适应性有密切关系（Tilman 等，1996），因为草地物种多样性对环境波动起到一定的缓冲作用（Chapin 等，1997；Smith，2011）。一般来说，在资源相对丰富的生境中竞争作用最可能产生，然而在恶劣的生境中物种之间互补作用则起主导作用（Paquette 和 Messier，2011）。草甸草原是在温带半湿润、半干旱的气候条件下发育的，物种比较丰富，以中旱或广旱多年生丛生禾草和根茎禾草为主，由于群落内资源利用不均衡导致耐旱物种比列相对较少（韩建国，2007；郑晓翾等，2008）。虽然物种多样性高的生态群落对干旱具有更强的抵抗力稳定性和时间稳定性（Tilman 等，1996），但随着干旱严重性的进一步发展，终究会超越物种多样性产生的抵抗力稳定性。Pfisterer 和 Schmid 认为物种多样性高的群落在干扰中生产力下降得更多（Pfisterer 和 Schmid，2002）。受益于生态位互补效应，物种丰富度高的群落具有较高的生产力，干旱的扰动会减少该效应带来的收益。因此，在干旱扰动中受损相对更严重（张全国和张大勇，2003）。故在干旱条件下耐旱物种与不耐旱物种竞争导致不耐旱高产物种死亡较多，耐旱物种侵占其生态位，导致 NPP 下降严重（Pfisterer 和 Schmid，2002），这表明物种多样性对群落生产力的正效应可能会受到它对生态系统稳定性的负效益的影响（Loreau 等，2002；Naeem，2002），物种多样性高的群落具有高的抵抗力稳定性和较低的恢复力稳定性。物种多样性对生态系统生产力和稳定性的贡献中存在一定的权衡关系，即在局域尺度上生态系统功能与物种多样性表现为单峰曲线关系（Bond 和 Chase，2002；张全国和张大勇，2003）。
　　典型草原在温带半干旱的气候条件下形成，物种较草甸草原相对少而较荒漠草原相对多，以旱生丛生禾草和广旱生的根茎禾草为主，耐旱物种比列相对较多（韩建国，2007）。在同等干旱条件下，不耐旱物种死亡较多，耐旱物种仍然能够存活，并代替不耐旱物种的生态位，且耐旱和不耐旱物种之间的生产能力相当，NPP下降可能相对较小。然而，典型草原植被生活在比草甸草原相对更为缺水的严酷环境中，一旦发生同等级别的干旱（相同的干旱强度、持续时间或同等的干旱严重性），产生的影响也会相对严重。荒漠草原在温带干旱的气候条件下形成，物种相对少，群落多由一些旱生丛生小禾草及忍受较差环境的灌木构成，处于演替的初级阶段，且无明显的优势种（韩建国，2007）。由于荒漠草原和当地气候条件高度协调，生长环境相对恶劣，根系比较深能够利用深层土壤水分，吸水范围大，供水保障率高于草甸和典型草原植被，资源利用效率比较高，具有较强的环境抗逆能力，因此能够抵御一定程度的干旱干扰，具有较高的抵抗力稳定性（张继义和赵哈林，2010）。干旱严重性一旦超过当地物种生存的阈值，会造成一些高产物种大量死亡，由更耐旱低产物种替代其相应的生态位，生态系统功能通常遭到严重破坏，导致NPP下降更严重（Ni和Zhang，2000；郑晓翾等，2008）。

4.5 精度评价

为了进一步表明本研究干旱影响评估方法的可行性和适用性，研究设计了降水控制模拟实验进行验证。在降水模拟实验中，研究设计5%、10%、20%、30%、50%、75%的降水量亏缺表示不同程度的干旱，同时发现NPP的减少随着干旱的加剧越来越严重，且呈指数变化关系，如图4-10所示。基于正常年多年NPP平均的方法，其评估结果对干旱的严重程度的响应更敏感（$R^2 = 0.86$，$p < 0.001$）比所有年NPP平均法（$R^2 = 0.48$，$p < 0.001$），如图4-10所示。由于消除极端湿润和干旱年的干扰，新的干旱评估参考标准显著提高了对干旱影响的评估精度由于消除极端湿润和干旱年的干扰。

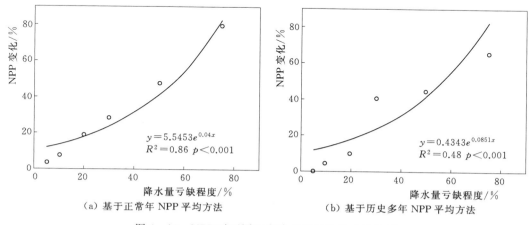

（a）基于正常年NPP平均方法　　　　（b）基于历史多年NPP平均方法

图4-10　NPP对不同程度降水量亏缺的响应关系

同时，采用美国橡树岭实验室（ORNL）近10年（1980—1989年）实测NPP数据对两种评估方法的可靠性进行了验证，如图4-11所示。对锡林浩特站点严重干旱年的评估结果进行对比分析发现：正常年多年平均法评估的 NPP 损失模拟值大约是 208.55gC/ $(m^2 \cdot a)$（损失百分比为 45.11%），NPP 损失观测值为 212.29gC/$(m^2 \cdot a)$（损失百分比为 41%）；而根据多年 NPP 平均法确定的评估标准 NPP 的模拟损失为 146.14gC/$(m^2 \cdot a)$，NPP 损失观测值为 155.63gC/$(m^2 \cdot a)$。结果表明，正常年多年平均法的评估结果与观测损失值更为一致。

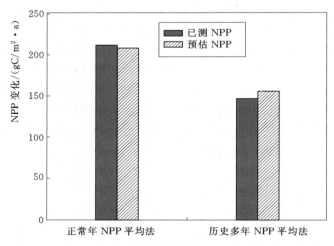

图 4-11　1980—1989 年锡林浩特站 NPP 损失量验证对比图

为了保证该方法的评估精度和适用性，本书采用实验观测数据——鄂温克旗牧业气象站的 1989—2005 年 NPP 数据、中国科学院内蒙古草原生态系统定位研究站（锡林郭勒站）1982—1998 年 NPP 数据和乌拉特中旗牧业气象站的 1982—2006 年 NPP 数据分别进一步验证草甸草原、典型草原和荒漠草原干旱影响评估结果［数据来源于文献资料（李镇清等，2003；马瑞芳，2007）］。基于不同站点的观测数据，通过地上和地下生物量及 NPP 之间的换算关系估算该站点 NPP；通过站点气象数据识别不同等级干旱年，然后对比模拟的站点 NPP 变化，验证不同草地站点不同等级干旱造成的草地 NPP 变化。

从表 4-6 发现，三种等级干旱造成的 NPP 损失的观测值和模拟值比较接近，进一步表明正常年 NPP 平均法的干旱评估标准具有较高的精度和方法的合理性，因此，建议今后使用正常年 NPP 多年平均法进行干旱影响的损失评估。

表 4-6　　　　　　　　不同等级干旱对 NPP 造成的影响结果验证表

站点名称	干旱等级	观测值 /[gC/$(m^2 \cdot a)$]	模拟值 /[gC/$(m^2 \cdot a)$]
鄂温克旗站	中等	82.91	74.95
	严重	126.44	137.53
	极端	174.80	186.91
锡林郭勒站	中等	110.75	97.75
	严重	124.012	110.05
	极端	179.402	163.47

站点名称	干旱等级	观测值 /[gC/(m²·a)]	模拟值 /[gC/(m²·a)]
乌拉特旗站	中等	33.00	42.89
	严重	94.28	100.5
	极端	198.07	218.8

4.6 本章小结

本书在充分吸收他人工作的基础上，提出了干旱对草地生态系统 NPP 影响的定量评估方法——正常年 NPP 多年平均法。本章首先分析了正常年 NPP 的多年平均值的理论合理性；其次，研究比较了正常年多年平均法和历史多年平均法的评估结果差异；再次，深入分析了干旱和 NPP 变化之间的相关性及滞后性，在此基础上定量评估了不同等级干旱对不同草地类型 NPP 的影响；最后，采用降水模拟控制试验方法和观测数据，对两种评估方法的适用性和评估精度进行了有效评价。本章主要结论如下。

（1）本书提出了干旱对生产力影响的定量评估方法。研究发现，正常年 NPP 平均法比历史多年 NPP 平均法更能够反映干旱对草地 NPP 造成的影响，具有更高的精度和敏感性。通过不同站点观测数据对 NPP 损失的验证结果表明，本书推荐的方法对不同等级干旱造成的影响具有良好的适用性。

（2）发现内蒙古不同类型草地站点的干旱发生次数比较频繁，干旱强度大，持续时间长，都属于比较典型的干旱事件。总体上，各站点的干旱发生频率均比较高，平均 1.58 年/次，其中中等、严重和极端干旱的发生频率分别为 3.8 年/次、6.0 年/次和 12.5 年/次，不同等级干旱的发生频率大小依次为：中等干旱＞严重干旱＞极端干旱。对于同一等级干旱事件，荒漠和典型草原站点干旱的严重性比草甸草原站点干旱相对更严重，主要是表现在干旱强度大，持续时间长，干旱的严重性不断加重，尤其是极端干旱沿草甸、典型和荒漠草原地带性的梯度变化干旱严重性逐渐严重。

（3）发现不同等级干旱对同一草地类型影响存在显著差异，同一等级干旱对不同草地生态系统的影响也存在较大差异。对草甸草原而言，中等、严重和极端干旱事件造成的平均损失依次递增为 57.66gC/(m²·a)、89.29gC/(m²·a) 和 174.13gC/(m²·a)；在典型草原，中等、严重和极端干旱事件造成的平均损失依次递增为 44.29gC/(m²·a)、68.21gC/(m²·a) 和 127.38gC/(m²·a)；在荒漠草原中，中等、严重和极端干旱事件造成的平均损失依次递增为 31.02gC/(m²·a)、47.75gC/(m²·a) 和 73.45gC/(m²·a)。从 NPP 损失量上看，同一等级干旱沿荒漠、典型和草甸草原的地带性过渡逐渐增大。

第 5 章

区域干旱事件对草地 NPP 的影响评估

本章主要基于第 4 章提出的干旱影响量化方法，评估不同等级干旱对区域不同草地类型生产力的定量影响。从不同时空尺度分析了不同等级干旱的基本特征，首先分析了不同等级典型干旱事件对草地生产力的影响，接着进一步揭示区域不同类型草地对不同等级干旱的响应关系及其差异。

5.1 引言

当前干扰格局和全球变化对生态系统可用资源施加了一系列影响，对生态系统生产力造成了严重影响（Van der Molen 等，2011）。降水是干旱和半干旱区草地植被生长的调控因子（Chaves 等，2002）。干旱导致区域生态系统碳蓄积量和碳固定的显著降低（Reichstein 等，2013）。在干旱期间，生产力的变化程度取决于植物对获取有效水分的生理响应（Meir 和 Ian Woodward，2010；Meir 等，2008）和植被结构的变化（Fisher 等，2007；Schymanski 等，2008）。随着干旱的不断加剧，草原碳库和草原碳汇的作用将变得越来越难以维护，具有较高的时空变化和气候变异性（Ciais 等，2005；Soussana 和 Lüscher，2007）。草地年际碳平衡，一方面受干旱发生的时间和持续时间、强度和影响面积是影响植被生产力和碳固定的至关重要的因素；另一方面取决于草地草本植物生产力和植被本身碳库存以及生态系统结构特征（Shinoda 等，2010；陈晓鹏和尚占环，2011）。干旱的频率、土壤性质、降水的频率和强度对土壤水分的滞后效应高达 2 年之久，直接加剧 NEE 异常达 40%（Van der Molen 等，2011）。在干旱之后月尺度到年尺度生态系统功能的改变还存在一定的不确定性，是揭示草地植被对干旱响应和适应机制的关键和核心（Van der Molen 等，2011）。Xiao 等（2009）发现严重持续干旱显著影响着草地生态系统碳循环，草地生态系统数十年累积的碳库可能被一场严重干旱抵消（Xiao 等，2009），而且不同类型草地生态系统对干旱的抵抗能力不同（Koerner，2012）。

事实上，由于干旱的缓发性，水分亏缺对草地生态系统影响的累积效应随着干旱的持续时间和强度的增加逐渐增大（Jentsch 等，2007）。由于生态系统本身具有一定的适应性和抵抗性，只有当干旱超过生态系统可承受的临界点才会造成一定的影响（Jentsch 和 Beierkuhnlein，2008）。轻度的干旱或水分亏缺对植被产生有限的影响（Tourneux 和 Peltier，1995）、正面影响或干旱前后植被状态无差异（Chaves 等，2002；Ribas‐Carbo 等，2005）或对碳同化和气孔导度影响较小（Dos Santos 等，2006）。大量证据表明，生态系统可以抵御短期极端事件或中等程度干旱的影响，而且不同等级的干旱事件造成的影响是不一样的（Jentsch 和 Beierkuhnlein，2008；Kreyling 等，2008；Xiao 等，2009；Xu 和 Zhou，2008；Yachi 和 Loreau，1999）。还有其他学者研究发现，即使草地生态系统面对当地的极端干旱事件，草地生态系统的生产力依然保持不变（Fay 等，2000；Jentsch 和 Beierkuhnlein，2008；Kreyling 等，2008）。这些可能是由于草地土壤碳对极端事件的缓冲作用（Fynn 等，2010；Milne 等，2010），植被和土壤之间的交互作用（Bloor 和 Bardgett，2012），物种间相互协作（Gilgen 和 Buchmann，2009；Mirzaei 等，2008）以及在 CO_2 浓度升高的背景下干旱时期植被水分利用效率的提高（Signarbieux 和 Feller，2012；Soussana 和 Lüscher，2007）等。由于生态系统本身的脆弱性，随着干旱严重程度的进一步发展，干旱对生态系统造成的影响也增大，然而造成的这种影响是生态系统所不愿接受的，即所谓的"不可接受的影响"（unacceptable impact）（Gallopín，2006；Smit and Wandel，2006）。因此，本书重点关注中等以上干旱对草地生态系统产生的影响，忽略轻度干旱生成的影响。

干旱对社会经济生态造成了严重的影响，已引起世界各国的广泛关注（Bonsal 等，2011；Sternberg，2012）。目前，国内外对干旱的损失评估主要集中在农业方面（包括种植业和畜牧业），其他方面的干旱损失研究较少，如生态和城市生活用水（Ding 等，2011）。高志强等以土地利用数据和气候数据驱动生态系统过程模型，定量估计土地利用和气候变化对农牧过渡区净初级生产力、植被碳贮量、土壤呼吸和碳贮量以的影响（Gao 等，2005）。Chen 等利用生态学过程模型分析了美国南部地区 1895—2007 年的干旱对生态系统功能的影响，发现极端干旱条件下净初级生产力的降幅达 40%（Chen 等，2012）。Hao 等基于内蒙古草地生态系统长期观测站观测资料对比分析了干旱年和湿润年碳交换的差异（Hao 等，2008）。一些学者利用草原站点数据统计分析了干旱对草原地上生物量的影响（Bloor 等，2010；Schmid 等，2011）。白永飞、袁文平等分别基于多年草地群落初级生产力和降水数据，建立了年降水量及其季节分配对植物群落初级生产力影响的积分回归模型，能够较好反映二者之间的一般规律（白永飞，1999；袁文平和周广胜，2005）。

多数学者从生态系统功能角度研究气候变化对生态系统的影响，通过对比评估标准分析干旱的影响。目前，还未建立干旱对草地生产力影响的定量评估方法，尤其是未分析不同等级干旱和不同草地类型 NPP 变化的定量关系。因此，本章主要基于 SPI 干旱指数和 Biome‐BGC 模型，利用第 4 章建立的正常年 NPP 多年平均法研究干旱和草地生产力之间的关系。具体内容和目标如下。

（1）定量估算不同等级不同等级干旱事件对不同类型草地生产力的影响。

（2）探讨不同等级干旱与不同类型草地生产力变化之间的关系。

5.2　不同等级干旱时空特征

根据本章的研究目标，参考国内外干旱特征分析的方法和出发点，本书进一步分析近 50 年内蒙古草原不同等级干旱的时空特征。研究采用不同时间尺度 SPI 刻画不同的干旱时空特征，例如 1 个月、3 个月、6 个月和 12 个月尺度的 SPI 分别表示短期、季节、生长季和年尺度的干旱状况（Chen 等，2012）。首先分析近 50 年内蒙古草地干旱的时间变化特征。从图 5-1（a）和（b）中可知，由于 R^2 均小于 0.05，基于 6 和 12 个月的 SPI 结果表明近 50 年生长季（−0.09/10a）和年尺度（−0.06/10a）干旱均无显著的变化趋势（$p > 0.05$）。从年尺度来看，区域比较干旱（SPI_12 < −1）的年份主要有 1965 年、1971 年、1980 年、1982 年、2000 年和 2005 年。从图 5-1（c）中可知，由于 R^2 大于 0.05，基于 1 个月的 SPI 结果表明近 50 年内蒙古草地干旱影响面积有显著降低的趋势（$p < 0.05$），变化趋势为 −1.5%/10a（干旱影响面积下降）。从年尺度来看，区域比较干旱面积最大的年份为 1965 年（35.92%），其他干旱影响面积较大的年份分别为 1985 年（33.98%）、1996 年（30.82%）、2000 年（30.65%）和 2008 年（28.91%）。从图 5-1

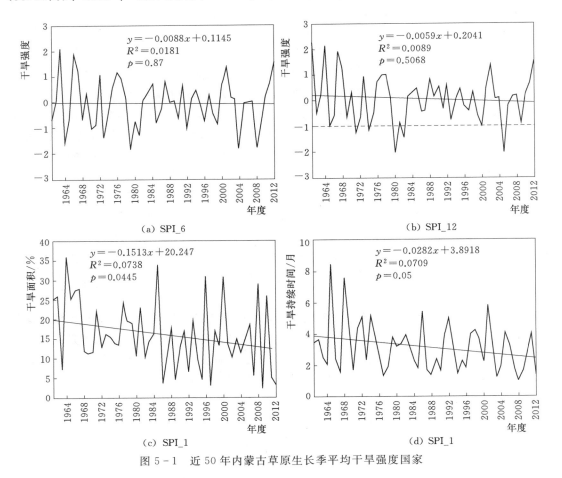

图 5-1　近 50 年内蒙古草原生长季平均干旱强度国家

(d) 中可知，由于 R^2 大于 0.05，基于 1 个月的 SPI 结果表明近 50 年干旱持续时间存也在显著下降的趋势（$p = 0.05$），变化趋势为 -0.28 月 /10a（干旱月份减少）。从年尺度来看，区域干旱持续时间最长的年份为 1965 年（8.5 月），其他干旱持续时间超过 5 个月的年份有 1968 年、1969 年、1972 年、1974 年、1986 年、1992 年、2001 年和 2005 年。李忆平等利用 1961—2012 年中国区域 586 个气象站气象数据得出北方的大部分区域都容易发生 3 个月以上的持续干旱（李忆平等，2014）。

　　然而，区域平均干旱强度、持续时间和影响面积无法系统反映干旱的空间特征。因此，有必要进一步分析 SPI_12 的变化趋势及不同等级干旱特征。内蒙古草地干旱情况存在较大的空间差异，总体上，内蒙古草原干旱发生的频率较高，持续时间较长。内蒙古草原最西部、东南部和东北部都有变湿润的轻微趋势，其余区域均有变干的轻微趋势，尤其是荒漠草原东部和草甸草原东北部。92.8% 的区域 SPI_12 变化趋势不显著（$p > 0.05$），仅有 8.2% 的区域通过了显著性水平为 0.05 的检验，主要分布在荒漠草原的西部和东南部。基本符合众多学者发现的"近 50 年来内蒙古草原东部和中部总体干旱强度增加，西部总体干旱强度减少但不显著"这一结论（那音太，2015；张美杰，2012）。自 20 世纪 80 年代中期以来，内蒙古地区降水温度发生变化，在东部和中部地区降水呈减少的趋势，而西部地区降水呈显著增加的态势（兰玉坤，2007；那音太，2015）。

　　根据本书的研究目标，笔者基于 3 个月尺度 SPI（SPI_3）重点分析了不同等级干旱事件的分布特征，发现中等、严重和极端干旱的发生频率呈依次降低的趋势。中等干旱主要分布在草甸草原的东南部、典型草原的东部以及荒漠草原的东北部，干旱发生次数为 12～41 次，干旱平均发生频率为 0.24～0.82，干旱平均强度为 $-1.35～-1.14$，干旱平均持续时间为 1.67～3.48 个月。严重干旱主要分布在草甸草原的中北部、典型草原的中部和南部以及荒漠草原的东部。整体上，典型草原属于严重干旱的高发区，干旱发生次数为 5～30，干旱平均发生频率为 0.1～0.6，干旱平均强度为 $-1.35～-1.14$，干旱平均持续时间为 2.37～6 个月。从图 5-6 中可以看出，极端干旱主要分布在草甸草原的中部、典型草原的中部和南部，尤其是荒漠草原的西南部属于极端干旱高发区，干旱发生次数为 1～14，干旱平均发生频率为 0.02～0.28，干旱平均强度为 $-2.88～-2.01$，干旱平均持续时间为 1～8.67 个月。

　　近 50 年内蒙古草地干旱具有显著的区域特性，不同等级干旱在同一时期发生在不同的区域，因此本书研究统计的内蒙古草地中等、严重和极端干旱的次数总和是大于总年数 52（1961—2012 年）的，而且还可以进一步发现典型草原的干旱发生频率高于草甸和荒漠草原，这可能是由于典型草原面积比较大，干旱发生的概率可能性就比较高。干旱的总体分布特征与降水梯度变化是比较一致的，东多西少，呈现出明显的降水梯度变化。总体上，干旱发生频率中西部地区高于东部，呈现"十年九旱"的特点（托亚，2006；张美杰，2012）。本书研究的结果与其他学者发现的研究成果比较一致，即内蒙古东北部呼伦贝尔盟是中等、严重与极端干旱发生频率最高的地区，而西部阿拉善盟地区三种干旱发生的频率相对较低（周扬等，2013）。

5.3　干旱对草地 NPP 的影响程度分析

在定量分析干旱对 NPP 造成的影响之前，有必要证明干旱对 NPP 影响程度的大小，本书研究基于 SPI_12 表征干旱特征，分析干旱与 NPP 之间的影响程度及相关性。整体上 NPP 与 SPI_12 的相关系数比较高（最高达到 0.92），且呈显著负相关关系。其中 80% 的区域通过呈现高度相关（相关性系数 $R > 0.5$），只有 20% 呈现低度相关的区域，这些区域主要分布在内蒙古荒漠草原西部［以荒漠为主，NPP 较低，为 44～100gC/（m^2·a）］和典型草原的东北部（可能是温度的影响较大）。草甸草原 95.2% 的区域 NPP 与 SPI_12 高度相关，典型草原 91.4% 的区域 NPP 与 SPI_12 高度相关，荒漠草原 36.8% 的区域 NPP 与 SPI_12 高度相关（$R > 0.5$），这表明荒漠草原是三种草地类型中最耐旱的一种，对干旱具有最强的抵抗力，与实际情况比较相符（韩建国，2007）。这是因为植物能够不断地适应干旱胁迫，从而增加它们对干旱的抵抗力，荒漠草原的降水远低于草甸和典型草原，水分环境恶劣，对环境的抗逆能力较强，导致地下根系比较发到能够获取较多的土壤水分，从而满足其生长需求（Walter，2012）。

总体上，年降水亏缺程度与 NPP 的决定系数（R^2）比较高，最高达到了 0.84。其中，决定系数 $R^2 > 0.5$ 以上的面积百分比为 67%，这表明干旱是造成区域 NPP 异常的主要贡献者。草甸草原最大决定系数为 0.84，其中 $R^2 > 0.5$ 以上的面积百分比为 77.1%，典型草原的最大决定系数为 0.81，其中 $R^2 > 0.5$ 以上的面积百分比为 77.3%；荒漠草原的最大决定系数为 0.79，其中 $R^2 > 0.5$ 以上的面积百分比为 26.1%。结果表明干旱是草地 NPP 的一个重要的胁迫因子之一，与 Zhang 等得出的结论一致（Zhang 等，2014）。

从相关性和决定系数的显著性水平来看，整体上均通过了 0.05 的显著性水平检验。草甸草原、典型草原和荒漠草原分别均通过了 0.001、0.003 和 0.001 的显著性水平检验，这表明干旱对 NPP 变异的决定程度是比较可靠的。

综上所述，干旱是内蒙古不同类型草地 NPP 变化的重要胁迫因子之一。

5.4　典型干旱事件对草地 NPP 的影响估算

本书研究基于 SPI_3 研究对内蒙古草原近 50 年的干旱事件进行识别。根据干旱影响面积、干旱强度、持续时间以及对 NPP 的影响选取比较典型的不同等级干旱事件进行干旱对草地生产力的影响估算。研究选取的典型干旱事件主要有：1974 年的中等干旱事件、1986 年的严重干旱事件和 1965 年的极端干旱事件。1974 年的中等干旱事件影响范围比较广，干旱持续时间比较长，最大干旱持续时间为 9 个月，最短持续时间为 3 个月，平均持续时间为 3 个月。内蒙古草原大部分地区干旱强度达到中等干旱级别的 SPI 最低值，属于一次比较典型的中等干旱事件。整体上，1974 年的中等干旱造成区域草地平均损失约为（11.37±8.98）gC/（m^2·a），最大损失 50.55gC/（m^2·a）。草甸草原平均损失为（11.40±9.22）gC/（m^2·a），最大损失 50.55gC/（m^2·a）；典型草原平均损失为（10.12±9.47）gC/（m^2·a），最大损失 50.55gC/（m^2·a）；荒漠草原平均损失为

(13.18±11.03)gC/(m² · a)，最大损失为 50.55gC/(m² · a)。而且草地 NPP 下降最终严重的区域与干旱最严重的区域存在较好的对应关系。草甸草原 NPP 损失比较严重的区域主要分布在东南部和西部，也正好是草甸草原干旱比较严重的区域；典型草原 NPP 损失比较轻的区域主要分布在中部的北边区域和东南部，与典型草原在该区域的干旱严重比较轻微是一致的，典型草原的其他区域干旱比较严重，NPP 相对下降幅度也比较大；荒漠草原西部和最南部的干旱相对较严重，NPP 的下降也是比较大的，而在荒漠草原东部部分区域 NPP 出现了增加的现象，与该区域相对湿润的情况比较吻合。

整体上，1986 年的严重干旱事件影响范围比较广，主要分布在草甸和典型草原大部分区域以及荒漠草原的南部，干旱持续时间比较长，最大干旱持续时间为 11 个月，最短持续时间为 2 个月，平均持续时间为 4 个月。内蒙古草原大部分地区干旱强度达到严重干旱级别的 SPI 最低值，属于一次比较典型的严重干旱事件。1986 年的严重干旱造成区域草地平均损失约为 (23.13±16.98)gC/(m² · a)，最大损失为 89.42gC/(m² · a)。草甸草原平均损失为 (21.86±16.47)gC/(m² · a)，最大损失为 89.42gC/(m² · a)；典型草原平均损失为 (22.69±16.99)gC/(m² · a)，最大损失为 89.42gC/(m² · a)；荒漠草原平均损失为 (32.98±21.87)gC/(m² · a)，最大损失为 89.42gC/(m² · a)。草地 NPP 下降最终严重的区域与干旱最严重的区域存在较好的对应关系，主要分布草甸和典型草原的中西部以及荒漠草原的西北部。而在典型草原的东部和荒漠草原南部部分区域 NPP 出现了增加的现象，亦与该区域相对湿润的情况比较吻合。

整体上，1965 年的极端干旱事件影响范围广，主要分布在草甸草原的西部和南部、典型草原的中东部和西南部以及荒漠草原的南部，干旱持续时间比较长，最大干旱持续时间为 11 月，平均持续时间为 6 个月。干旱强度比较大，属于一次比较典型的极端干旱事件。整体上，1965 年的极端干旱造成区域草地平均损失约为 (31.44±16.67) gC/(m² · a)，最大损失为 105.41gC/(m² · a)。草甸草原平均损失为 (15.11±11.82) gC/(m² · a)，最大损失为 61.31gC/(m² · a)；典型草原平均损失为 (16.38±14.24)gC/(m² · a)，最大损失为 60.13gC/(m² · a)；荒漠草原平均损失为 (27.54±23.26)gC/(m² · a)，最大损失为 105.41gC/(m² · a)。草地 NPP 下降最终严重的区域与干旱最严重的区域存在较好的对应关系，尤其是典型草原的中东部和西南部和荒漠草原的南部 NPP 下降最严重。草地 NPP 出现增加的区域主要分布在草甸草原的北部、典型草原的中西靠北的区域和荒漠草原的西部，与该区域相对湿润的情况比较吻合。

5.5　不同等级干旱对区域草地 NPP 影响的定量估算

在分析干旱和 NPP 相关性以及典型干旱事件影响的基础上，本书进一步评估干旱对区域 NPP 造成的定量影响，尤其是不同等级干旱——中等、严重和极端干旱事件的定量影响。以栅格尺度为单元，基于 Biome - BGC 模型，采用本书提出的正常年平均法评估内蒙古不同草地类型近 50 年不同等级干旱事件造成的区域影响及其差异特征。

不同等级干旱对草地生产力的影响存在差异，如表 5 - 1 所示。中等干旱事件造成的内蒙古草地 NPP 平均损失为 22.18gC/(m² · a)，最大损失为 69.52gC/(m² · a)。研究发现，从不同草地类型分析，中等干旱事件造成的草甸、典型和荒漠草原 NPP 的平均损失分别为 21.15gC/(m²·a)、20.38gC/(m²·a) 和 9.51gC/(m²·a)。然而，研究发现在典型草原的东北部和荒漠草原的西部出现了中等干旱造成了 NPP（NPP 为负值时）增加的现象，而草甸草原西南部、典型草原的中部和西南部以及荒漠草原的东南部 NPP 损失比较严重。严重干旱事件造成的内蒙古草地 NPP 平均损失为 36.07gC/(m²·a)，最大损失为 109.05gC/(m²·a)。研究发现从不同草地类型分析，严重干旱事件造成的草甸、典型和荒漠草原 NPP 的平均损失分别为 32.99gC/(m²·a)、36.29gC/(m²·a) 和 14.57gC/(m²·a)。严重干旱也造成了草甸草原中部、典型草原的西部与东北部以及荒漠草原的西部 NPP 的增加（NPP 为负值时），而在草甸草原西南和东南部、典型草原的中部和西南部以及荒漠草原的东南部 NPP 损失相对严重。极端干旱事件造成的内蒙古草地 NPP 平均损失为 52.62gC/(m²·a)，最大损失为 145.98gC/(m²·a)。从不同草地类型分析，极端干旱事件造成的草甸、典型和荒漠草原 NPP 的平均损失分别为 49.16gC/(m²·a)、52.61gC/(m²·a) 和 59.82gC/(m²·a)。极端干旱造成了草甸草原南部、典型草原的东部以及荒漠草原的西部 NPP 的增加（NPP 为负值时），在草甸草原西南和中部、典型草原的中部和西南部以及荒漠草原的南部 NPP 损失相对较大。

表 5-1　　　　　　　　　不同等级干旱事件对不同类型草地 NPP 造成的影响列表

干旱等级	草 地 类 型		
	草甸草原 /[gC/(m²·a)]	典型草原 /[gC/(m²·a)]	荒漠草原 /[gC/(m²·a)]
中等干旱	21.15	20.38	9.51
严重干旱	32.99	36.29	14.57
极端干旱	49.16	52.61	59.82

至于不同等级的干旱事件在不同草地类型中均出现了 NPP 少量增加的现象，这也表明了干旱作为自然界的一种干扰，不仅仅对生态系统会造成负面影响，还有正面促进的作用，这主要和干旱自身复杂的特征及其发生在不同草地植被物候期有密切关系（Craine 等，2012；Fay 等，2000）。草地植被在生长季遭遇干旱也并不总是生产力降低，关键在于干旱发生的时间和水分允许亏缺的程度（陈玉民，1995）。同时，前文已表明草地生态系统基本可以抵御中等甚至严重干旱造成的影响，假如干旱正好发生在植被生长的初期，即使是极端干旱事件，但持续时间较短，植被通过后续的补偿生长基本上可以恢复到干旱前的状态，甚至生长会超过干旱前的状态，出现 NPP 增加的现象（陈玉民，1995）。Shinoda 等也发现干旱虽然会大幅度减少 AGP 和土壤水分，但对 BGP 没有造成显著影响，庞大的地下根系虽遭到严重破坏，AGP 在干旱后仍能够快速恢复，这是由于 BGP 是 AGP 的近 9 倍，原有物种组成的群落没有转变为更能适应干旱的群落，通过一段时间仍能恢复到干旱前的状态（Shinoda 等，2010）。还有一些学者发现在干旱时期，欧洲爱尔兰草原、北美大草原、巴西和非洲的稀树草原均出现了草地生产力增加的现象（Jaksic 等，2006；Miranda 等，1997；Scott 等，2010），这可能是干旱时期植物生存策略改变和水分利用效率提高所致（Gilgen 和 Buchmann，2009；Mirzaei 等，2008；Signarbieux 和

Feller，2012；Soussana 和 Lüscher，2007）。

从损失百分比上看，干旱对内蒙古草地 NPP 造成的平均损失率（NPP 损失量与正常年 NPP 多年平均值的比值，下同）为 18.46%，与 Zhang 等发现内蒙古 2001—2010 年干旱造成的平均损失（18.67%）接近（Zhang 等，2014）。中等以上干旱造成的 NPP 平均损失率自东向西依次增加，分别为草甸草原（10.50%）、典型草原（13.32%）、荒漠草原（31.58%）。牛建明评估了在未来气候变化下草地生产力的下降情况，发现生产力下降最剧烈的是荒漠草原，达到 17.1%，比最低的典型草原生产力下降（8.68%）高出了一倍，草甸草原减产一成（牛建明，2001）。同时，草地退化程度分为轻度（20%～35%）、中度（35%～60%）、重度（60%～85%）、极度退化（>85%）（马瑞芳，2007）。根据退化退化分级表明，干旱造成了荒漠草原生产力的轻度退化，荒漠草原干旱严重的区域 NPP 损失在 50% 以上，造成了荒漠草原中等或重度退化，典型和草甸草原的局部地区也造成了轻度退化〔部分干旱年份 NPP 损失率在（17%～24%）〕。李镇清等发现春季干旱导致了典型草原的生产力的下降（李镇清等，2003）。

干旱对草地生态系统生产力的影响存在较大的不确定性，干旱对生产力影响的不确定性主要是由干旱强度、持续时间和影响面积以及植被对降水亏缺的累积和滞后效应共同决定的（Pei 等，2013）。干旱对草地生态系统的影响程度取决于草本植被的进化程度和物种对干旱的敏感性（Ryan 和 Law，2005）。事实上，非优势物种比较优势物种更容受到干旱的损害（Herbel 等，1972）。这是因为不同草地类型由于物种多样性的差异，造成了生态系统对干扰的抵抗力稳定性和恢复力稳定性不同（张全国和张大勇，2003）。Tilman 等基于的草地实验结果表明，多样性相对高的群落具有更高的抗旱能力和时间稳定性（Tilman，1994；Tilman 等，1996）。荒漠草原具有较高的抵抗力稳定性和较低的恢复力稳定性，荒漠草原物种较少，一旦遭到破坏恢复起来比较困难，从而对 NPP 造成严重影响。典型草原具有中等的抵抗力和恢复力稳定性，因此发生干旱时造成的 NPP 损失处于草甸和荒漠草原 NPP 损失之间的中间值，因为干旱发生后能够迅速回到干旱前 NPP 比较接近的水平。草甸草原具有较低的抵抗力稳定性和较高的恢复力稳定性，干旱虽然对 ANPP 产生较大的影响，但未对庞大的 BNPP 产生影响，故在干旱发生后 NPP 能够较快地恢复到干旱前 NPP 的状态（Bane 等，2013；Shinoda 等，2010），避免了干旱对生产力造成的严重影响。生物多样性高的生态系统对环境扰动具有较高的抵抗能力（Campbell 等，2011；Grime，1997），与其他学者的结论不一致：在生物多样性较高的群落增强了干旱后的恢复力，而不是对干旱的抵抗力（Carter 和 Blair，2012；Van Ruijven 和 Berendse，2010）。因此，草甸草原对干旱的抵抗能力比较低，而恢复力相比典型和荒漠草原较高。

干旱对草地生产力的影响与植被类型及其生长环境密切相关（Zhang 等，2014），同时，草地对不同等级干旱的抵御策略是不同的。草地植被抵御极端干旱的机制不同于其对中等干旱抵御机制（Milbau 等，2005；Violle 等，2009），因为植被是根据生存环境确定其适应策略的（Kreyling 等，2012；Volaire 等，2014）。在发生中等干旱时，植被能够比较满意地维持生产力，然而严重或极端干旱的发生会对植被生存造成致命伤害（Volaire 等，2014）。在降水较少的区域，生态系统更容易遭受干旱的袭扰，反而在干旱发生时水分利用效率较高，会出现生态系统固碳能力增加的现象（Gilgen 和 Buchmann，2009）。

植被经常暴露在干旱环境中，忍受干旱的袭扰，从而对干旱形成"干旱记忆"（drought memory），增加了其在后续干旱中的存活率（Walter，2012）。这是因为植物能够不断地适应干旱胁迫，从而增加他们对干旱的抵抗力，荒漠草原的降水远低于草甸和典型草原，水分环境恶劣，导致地下根系比较发到能够获取较多的土壤水分，从而满足其生长需求（Walter，2012；Walter 等，2011）。荒漠草原的地下根系比典型草原发达，而典型草原的地下根系比草甸草原发达，导致其从深层土壤中获取水分的能力逐渐递减。这可能是荒漠草原能够抵御中等和严重干旱的影响，草甸和典型草原对中等和严重干旱的抵御能力相对差的一个重要原因。但是，一旦发生的干旱超过了荒漠草原的抵抗力阈值就会造成植被大量死亡，且干旱发生后比较困难地恢复到干旱发生前 NPP 的水平，这就解释了荒漠草原不能抵御更严重的极端干旱的强扰动，出现生产力严重下降。因此，荒漠草原对干旱的抵抗能力最强，典型草原次之，草甸草原最差。

5.6　不同等级干旱与 NPP 变化的定量关系

从草地类型看，同一等级的干旱事件对草地 NPP 造成的平均损失自荒漠、典型和草甸草原逐渐增加，而且不同等级干旱对同一类型草地生产力造成的损失也出现逐渐增加的现象。那么，干旱和草地生产力之间到底存在什么样的关系？本书首先从干旱的起因出发，基于 SPI 指数分析了 NPP 与年降水量的关系。从图 5-22 可看出，不同站点 NPP 变化量与降水量的多少均呈显著线性相关，均通过了 0.001 显著性水平的检验，其中 SPI 正值表示湿润，负值表示干旱。草甸草原与 SPI_12 的 R^2 最高，典型草原次之，最低的是荒漠草原。众多学者发现，草地生产力与年降水量呈显著正相关（Knapp 和 Smith，2001；陈佐忠等，1988；牛建明，2001；张新时和高琼，1997），对全球其他区域的草地而言，NPP 与降水存在显著的线性回归关系（Briggs 和 Knapp，1995；Sala 等，1988）。在降水梯度变化控制实验中，Yahdjian 和 Sala 也发现 ANPP 和年降水量存在显著线性关系（Yahdjian 和 Sala，2006）。Zhou 等发现中国东北样带降水梯度草地生态系统净地上初级生产力与降水量之间呈线性相关（Zhou 等，2001）。

尽管其他学者从年尺度探讨了 NPP 与降水的线性关系，但从更长时间尺度探讨干旱对 NPP 影响的定量研究相对较少，本书进一步剥茧抽丝，剔除湿润状态下 NPP 的干扰，分析干旱和草地 NPP 变化之间的关系。基于区域每次不同等级干旱事件对 NPP 影响的平均值，统计分析中等以上干旱和草地 NPP 变化的关系。综上所述，发现由于内蒙古干旱的发生具有较强的区域性，不同区域可能同时发生不同等级的干旱事件，导致按照干旱事件影响统计分析时干旱事件总数大于总年数（52 年）；通过不同等级干旱与不同草地类型 NPP 变化量的回归分析发现，不同等级干旱和草地 NPP 变化存在显著的指数增长关系，$R^2 = 0.56$，$p < 0.001$，如图 5-23 所示。Chen 等研究发现 12_month SPI 能够显著解释 38% 的 NPP 变异，生长季 SPI 能够解释 51% 的 NPP 变异，其余变异由土壤属性、土地利用类型、干旱与气候变化的交互影响等解释（Chen 等，2012）。本书中基于 3_month SPI 的识别干旱事件是包含干旱持续事件在内的比较完整的事件过程，能捕捉到更多的干旱信息，同时研究区为水分限制区域，这可能是导致本书研究干旱事件对草地 NPP 的变

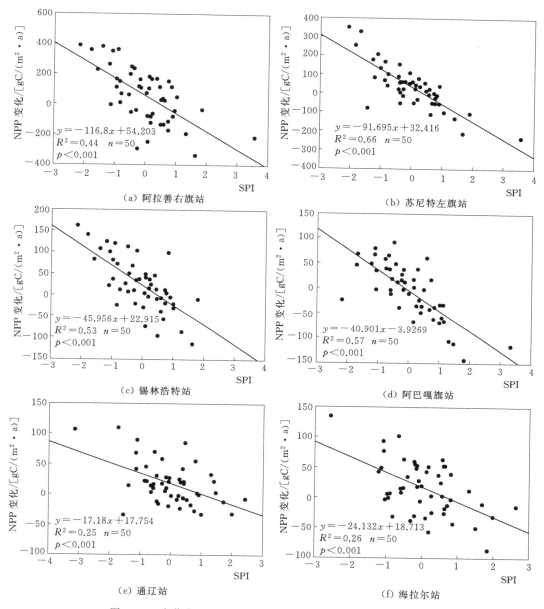

图 5-2　内蒙古不同站点 NPP 变化与 SPI_12 关系的散点图

异解释率更高的原因。另外，干旱发生时间对 NPP 的影响可能比较重要（Fay 等，2000；Jentsch 等，2011；Kreyling 等，2008）。Guo 等发现不同季节的降水对草地 NPP 的影响比较显著（Guo 等，2012），同一等级干旱尽管持续时间一样，由于发生在草地植被生长的不同物候生长阶段，可能对草地 NPP 造成的影响存在较大差异，对 NPP 损失评估及模型构建造成了较大的不确定性。而且 SPI 的计算基于降水数据，未考虑植被需水和生态失水等因素，导致 SPI 对 NPP 变化解释较低，这也进一步说明了生态系统对气象干旱影响具有一定的缓冲性。

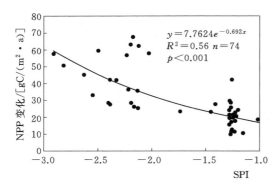

图 5-3 三种草地类型 NPP 变化对
不同等级干旱的响应关系散点图

本书进一步研究发生在不同类型草地的不同等级干旱事件造成的影响，同样通过每次干旱事件对 NPP 影响的平均值和 SPI_3 的严重性平均值进行回归分析，发现不同类型草地 NPP 变化和干旱也呈显著的指数关系，但不同类型草地 NPP 对干旱的响应存在较大差异。

图 5-4 展示了草甸草原 NPP 对不同等级干旱响应的指数关系，干旱对草甸草原 NPP 变化的解释率为 0.47（$R^2 = 0.47$），对 NPP 变异的解释率比较显著（$p < 0.001$，$n = 80$）。图 5-5 描述了典型草原 NPP 对不同等级干旱响应的指数关系，干旱对典型草原 NPP 变化的解释率为 0.60（$R^2 = 0.60$），对 NPP 变异的解释率比较显著（$p < 0.001$，$n = 89$）。图 5-6 呈现了荒漠草原 NPP 对不同等级干旱响应的指数关系，干旱对荒漠草原 NPP 变化的解释率为 0.62（$R^2 = 0.62$），对 NPP 变异的解释率比较显著（$p < 0.001$，$n = 78$）。从图 5-7 中可以看出，草甸、典型和荒漠三种草原 NPP 变化对不同等级干旱呈指数回归关系，但对干旱的响应速率存在一定程度的差异。整体上，典型草原 NPP 变化对不同等级干旱的响应最快；草甸草原 NPP 变化对不同等级干旱的响应最慢；荒漠草原 NPP 变化对不同等级干旱的响应速度处于草甸和典型草原 NPP 变化响应速率之间。在发生中等和严重等级干旱时，荒漠草原 NPP 变化对中等和严重等级干旱的响应速度低于草甸和典型草原 NPP 的变化速率，但是在极端干旱时荒漠草原 NPP 变化对中等和严重等级干旱的响应速度高于草甸和典型草原 NPP 的变化速率。表 5-1 中的不同等级干旱对不同类型草地 NPP 造成的平均损失也佐证了这一结论。并不是沿草甸、典型和荒漠草原的梯度变化对干旱的响应速率逐渐递增或递减，而是比较复杂的响应关系。草地年际碳平衡受干旱发生的时间和持续时间、强度和影响面积是影响植被生产力和碳固定的至关重要的因素，另一方面取决于草地草本植物生产力和植被本身碳库存以及生态系统结构特征（Grant 等，2012；Shinoda 等，2010）。

由于不同类型草地生产力基数（平均生产能力）的大小为草甸草原＞典型草原＞荒漠草原，在 NPP 损失绝对量相差不大的情况下，典型草原 NPP 变化对干旱的响应速率可能高于草甸草原对干旱的响应速率；与荒漠草原对不利环境的抗逆能力强于典型草原，中等和严重干旱情况下典型草原 NPP 变化对干旱的响应速率高于荒漠草原对干旱的响应速率。这也进一步表明草地 NPP 对干旱的响应与生态系统类型、干旱事件的严重性（强度和持续时间）、生态系

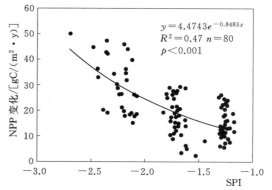

图 5-4 草甸草原 NPP 变化对不同等级
干旱的响应关系散点图

统生产力基数存在密切关系。Peng 等发现年降水量、季节分配、频率显著调控着内蒙古草地碳循环的基本过程（Peng 等，2013）。干旱对内蒙古生产力影响的不确定性主要是由干旱强度、持续时间和影响面积以及植被对降水亏缺的累积和滞后效应共同决定的（Pei 等，2013）。草地生产力变化的不确定性也可能主要由气候的年际波动和生物量动态控制（Flanagan 等，2002；Meyers，2001；Niu 等，2010）。

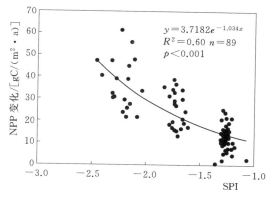

图 5-5　典型草原 NPP 变化对不同等级
干旱的响应关系散点图

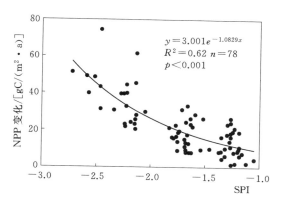

图 5-6　荒漠草原 NPP 变化与不同等级
干旱的响应关系散点图

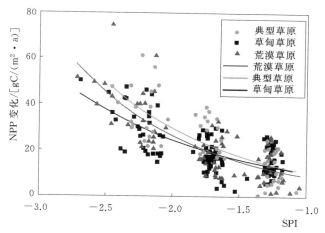

图 5-7　不同类型草地 NPP 变化与不同等级干旱的响应关系散点图

　　Guo 等发现，不同草地类型在 NPP 采样样本不足的情况下，NPP 和年降水之间存在显著指数响应关系，当 NPP 采样样本比较充足时，NPP 和年降水之间存在显著线性响应关系；当不同草地类型 NPP 样本混合在一起时，NPP 和年降水之间又存在显著指数响应关系（Guo 等，2012）。这可能是不同草地类型的植被功能类型的不同及其对降水响应敏感性的差异造成的（Huxman 等，2004b；O'connor 等，2001；Paruelo 等，1999）。荒漠草原 NPP 变化量与干旱的决定系数高于草甸草原和典型草原，典型草原的决定系数又高于草甸草原的决定系数，这与其他学者的研究成果比较一致（郭群等，2013）。这表明自西向东随着降水的增加，干旱对不同类型 NPP 的影响程度逐渐降低，即降水的作用逐渐下降。而且荒漠草原对干旱的响应速率最快,典型草原次之,最慢的是草甸草原。对于同一草地类型而言,不同等级的干旱事件造成的 NPP 损失从中等、严重和极端干旱也是逐渐加重,且呈现指数增长的关系。这与众多学者发现的年降水与 NPP 之间存在着显著的指数关系的结论一致(Hu,2010;Ma 等,2008)。内蒙古草地 NPP 对年降水亏缺的响应是非线性的结论,进一步证明本书研究结果的合理性(Peng 等,2013)。由于水分是内蒙古草原植被生长的主要限制因子,而内蒙古草地植被多属中生或旱生植物,在生长季节基本可以得到较充分的水分供应,但降水分配节律变异较大,有时植被必须依靠庞大的根系获取水分(陈全功等,2006;盛文萍,2007)。草甸草原、典型草原和荒漠草原有不同的生态系统结构和功能,这就解释了荒漠草原由于庞大的地下根系能够获取生长所需的水分从而可以抵御中等和严重干旱而未出现生产力严重下降。同时,荒漠草原的水分利用效率在干旱时高于典型草原和草甸草原的水分利用效率(Guo 等,2012;Paruelo 等,1999)。但是随着干旱的进一步发展到比较严重的地步或当发生极端干旱时,地下水分蒸发强烈而发生严重亏缺,荒漠草原植被无法满足生长所需的水分,从而导致生产力下降严重,也导致了荒漠草原对干旱的响应速率加快。典型草原和草甸草原的根系不及荒漠草原发达,一旦发生干旱获取土壤水分的能力较低,随着干旱的发展生产力持续下降,响应速率比较平缓,从而导致生产力下降相对较严重。

5.7　本章小结

根据本章的研究目标,我们首先分析了近 50 年干旱的时空变化特征;其次根据决定系数和显著性指标,探讨了干旱对草地 NPP 变化的影响程度,根据识别的典型干旱年分析了 1974 年中等干旱、1986 年严重干旱和 1965 年极端干旱对草地 NPP 的影响;接着,研究了近 50 年中等以上干旱事件对草地造成的平均影响,基于单次干旱事件对不同类型草地 NPP 造成的平均变化,厘清了不同等级干旱与不同类型草地生产力的响应关系,为定量分析干旱对草地生态系统的影响提供科学参考。主要结论如下。

(1)内蒙古草原干旱的发生频率高,属于干旱风险发生的高危区。近 50 年内蒙古草地干旱强度无明显的变化趋势($p > 0.05$),干旱持续时间和有效面积均有显著下降的趋势($p < 0.05$)。整体上,92.8% 的区域干旱变化趋势不显著($p > 0.05$)。内蒙古草原最西部、东南部和东北部都有变湿润的轻微趋势,其余区域局部有变干的轻微趋势,尤其是荒漠草原东部和草甸草原东北部。中等干旱、严重干旱和极端干旱发生频率分别为 1.26 年/次～4.33 年/次、1.73 年/次～10.2 年/次和 3.71 年/次～52 年/次。不同等级干旱发生频率的高低为中等干旱＞严重干旱＞极端干旱,而且典型草原干旱发生频率在一定程度上高于草甸草原和荒漠草原干旱的发生频率。

(2)干旱是造成草地生产力变异的主要胁迫因子之一。总体上,年降水亏缺程度对 NPP 的决定系数(R^2)比较高,最高达到了 0.84,其中 $R^2 > 0.5$ 以上的面积百分比为 67%。草甸草原、典型草原和荒漠草原的最大决定系数分别为 0.84、0.81 和 0.79;其中 $R^2 > 0.5$ 以上的面积百分比分别为 77.1%、77.3% 和 26.1%,这表明干旱是造成区域 NPP 异常的主要贡献者之一。

（3）本书选取的典型干旱事件主要有：1974 年的中等干旱事件、1986 年的严重干旱事件和 1965 年的极端干旱事件。整体上，1974 年的中等干旱造成区域草地平均损失约为 (11.37 ± 8.98) gC/$(m^2\cdot a)$，最大损失为 50.55gC/$(m^2\cdot a)$；1986 年的严重干旱造成区域草地平均损失约为 (23.13 ± 16.98) gC/$(m^2\cdot a)$，最大损失为 89.42gC/$(m^2\cdot a)$；1965 年的极端干旱造成区域草地平均损失约为 (31.44 ± 16.67) gC/$(m^2\cdot a)$，最大损失为 105.41gC/$(m^2\cdot a)$。

（4）不同等级干旱对草地生产力的影响存在较大的差异。干旱造成的 NPP 损失与草地生态系统类型关系密切，不同生态系统类型之间 NPP 变化存在显著差异，且不同等级干旱事件在同一生态系统类型中造成的影响也较为不同。同一等级干旱尽管持续时间一样，由于发生在草地植被生长的不同物候生长阶段，可能对草地 NPP 造成的影响存在较大差异，草原造成 NPP 增加的现象（NPP 变化为负值时）。在区域尺度上，中等干旱事件造成的草甸草原、典型草原和荒漠草原 NPP 的区域平均损失分别为 21.15gC/$(m^2\cdot a)$、20.38gC/$(m^2\cdot a)$ 和 9.51gC/$(m^2\cdot a)$；严重干旱事件造成的草甸草原、典型草原和荒漠草原 NPP 的平均损失分别为 32.99gC/$(m^2\cdot a)$、36.29gC/$(m^2\cdot a)$ 和 14.57gC/$(m^2\cdot a)$；极端干旱事件造成的草甸草原、典型草原和荒漠草原 NPP 的平均损失分别为 49.16gC/$(m^2\cdot a)$、52.61gC/$(m^2\cdot a)$ 和 59.82gC/$(m^2\cdot a)$。

（5）整体上，干旱特征的分布与 NPP 变化的分布比较一致。不同等级的干旱造成的 NPP 损失在同一类型草地中随着干旱严重性的增加呈明显的指数增长关系；同一等级的干旱对不同草地类型造成的 NPP 损失存在较大差异，中等和严重干旱造成的 NPP 损失沿荒漠草原、典型草原和草甸草原的过渡逐渐增大，但是极端干旱造成的 NPP 损失自西向东逐渐减小。通过不同等级干旱与不同草地类型 NPP 变化量的回归分析发现，不同等级干旱和不同类型草地 NPP 变化也存在显著的指数变化关系。在发生中等和严重等级干旱时，荒漠草原 NPP 对中等干旱和严重干旱的响应速度低于草甸草原和典型草原 NPP 的变化速率，但是在极端干旱时荒漠草原 NPP 变化对极端干旱的响应速率高于草甸草原和典型草原 NPP 的变化速率。

（6）干旱造成了草地生态系统不同程度的退化，尤其是荒漠草原生态系统。中等以上干旱造成的 NPP 平均损失率自东向西依次增加，分别为草甸草原 10.50%、典型草原依 13.32%、荒漠草原 31.58%。在一定条件下，荒漠草原基本可以抵御中等和严重等级干旱的影响，但极端干旱在一定程度上造成了生产力严重下降和荒漠草地严重退化；尽管发生中等干旱和严重干旱时草甸草原和典型草原损失较大，但二者对干旱的响应速率相比荒漠草原较慢，且整体上干旱未造成草甸草原和典型草原生态系统退化，仅造成草甸草原和典型草原生态系统局部的轻度退化。

第 6 章

近 50 年干旱对草地生产力的净影响

本章主要探讨气候变化背景下草地生产力对干旱的响应。由于草地生态系统对干旱事件的响应存在一定的滞后影响，可能会对后续的干旱事件产生附加影响，同时由于气候变化因子的干扰，近 50 干旱对草地生产力所产生的影响并不等于 50 年历史所有干旱事件的简单代数和。在内蒙古草原区域，降水亏缺是导致干旱发生的主因（Hao 等，2008；Liu X 等，2013）。因此，顾及干旱滞后效应和气候变化的影响，本章基于长时间尺度从降水亏缺的角度探讨近 50 年干旱对草地生态系统生产力的净影响，基于不同情景模拟试验，识别不同气候变化因子（降水和温度）对干旱影响的干扰作用，进一步厘清近 50 年干旱对内蒙古草地生产力的净影响。

6.1 引言

在真实的自然界中，尤其在气候变化背景下，草地生态系统受到多种生物和非生物因子的作用。在全球尺度上，全球气候变化不断加剧显著改变了生态系统关键的生态过程和功能（Kongstad 等，2012；Solomon，2007；Stocker 等，2013），同时，诸如干旱这样的极端气候事件在许多区域表现出频率更高、持续时间更长和强度更大的特点，对生态系统产生更严重的影响（Stocker 等，2013）。在全球气候变化背景下，降水格局改变、全球变暖等气候变化因子对草地生态系统施加了持续、累积和温和的外部影响；极端气候事件对生态系统的作用是间歇式、脉冲式和剧烈的驱动响应（Smith 等，2009）。事实上，这些环境因子在一定程度上都会干扰干旱对草地 NPP 的净影响（Heimann 和 Reichstein，2008）。全球变化因子可以改变资源利用效率影响群落和生态系统的响应，进一步改变营养物质的生物地球化学循环（Henry 等，2005a；Smith 等，2009）。欧洲学者基于系列生态过程模型探讨了不同情景下水分、气候等因子对生态系统功能的影响，发现在全球气候变化背景下，生态系统的脆弱性在增强（Schröter 等，2005）。

全球变化增大了干旱对草地生态系统影响的不确定性。总的来说，当前干扰格局和全球变化对生态系统可用资源施加了一系列影响，共同作用于生态系统对单一因子的响应

（Janga Reddy 和 Ganguli，2012；齐玉春等，2005），例如，温度变化和土地利用变化可以增强或减弱干旱对不同植被类型 NPP 的影响（Chen 等，2012）。Wood 和 Silver 在波多黎各热带森林诱导性的干旱实验证明了干旱减少热带土壤温室气体（CO_2）的排放，仅单独考虑干旱时，它的影响是至关重要的，然而现实的排放量将取决于降水和气温的变化，以及长期大气中 CO_2 含量变化和养分沉降等因素的综合影响，遗憾的是作者在实验中未操控这些因素（Wood 和 Silver，2012）。同时，有研究表明在气候变化与 CO_2 的共同影响下，草地生产力的下降幅度显著减少（周广胜等，2004），然而，目前对干旱影响的评估并未消除其他因子的干扰（Zhao 和 Running，2010）。因此，在研究干旱的影响时，必须考虑干旱和其他因子之间的交互效应，因为其他环境因子可能会放大或降低干旱对生态系统生产力的影响（Luo 等，2008）。而且环境因子对草地生态系统的影响并不能简单地为单因子效应的总和所能解释，它们之间存在复杂的交互作用（Sui 和 Zhou，2013）。因此，在全球变化背景下，很有必要进一步探讨干旱单一因子对生态系统的净影响，毕竟，本书的研究目的是分析干旱对草地生态系统的净影响，合理评价干旱对生态系统生产力的净贡献。

对于内蒙古草原而言，草地生态系统主要受气候变化的影响比较大，其他全球变化因子的影响较弱。Tian 发现内蒙古草地氮沉降水平相对较低（$1\sim2gN/m^2$）（Tian 等，2011），而且中国草地固碳对氮沉降的响应水平小于 $10gC/(m^2 \cdot a)$；Sui 等基于生态过程模型设计了不同因子敏感性试验，研究了中国温带草原碳收支对气候和 CO_2 浓度变化的敏感性，发现 CO_2 的施肥效应对草地碳存量增加贡献了 1.4%，不能抵消气候变化对碳储量的严重负作用（-15.3%）（Sui 和 Zhou，2013）；Ren 等也报道了中国草地碳通量的年际波动主要受气候变化的影响。因此，本书忽略 CO_2 浓度上升、氮沉降和土地利用变化等其他干扰因子的影响，主要分析气候变化对干旱影响的干扰（Houghton 和 Hackler，2003），剔除温度变化的对干旱影响的干扰。基于国内外文献和前文的研究基础，降水是内蒙古草原 NPP 变化的主要影响因子之一，本章重点关注降水亏缺导致的近 50 年干旱对内蒙古生产力的净影响。

通过第 5 章干旱事件对草地生产力产生影响的分析，由于气候变化因子的干扰及干旱自身产生的滞后效应，无法得到历史所有干旱事件对草地生产力产生的总影响，因此，本书从长时间尺度探讨近 50 年干旱对内蒙古草地生产力产生的总影响，以 Biome - BGC 模型为工具，基于不同情景敏感性模拟试验，剥离干旱与气候变化因子的交互影响，厘清近 50 年降水亏缺引起的干旱对草地生态系统生产力的净影响。

6.2　实验设计与评估方法

本书借鉴田汉勤等研究陆地生态系统碳通量对单一环境因子（如历史 CO_2 浓度、降水、温度和土地利用）的敏感性分析实验设计方案，探讨干旱单一因子对草地生产力的净影响（Chen 等，2012；Tian 等，2012；Tian 等，1999）。Sui 等基于生态过程模型设计了历史 CO_2 浓度、降水和温度变化等因子敏感性试验，研究了中国温带草原碳收支对气候和 CO_2 浓度变化的敏感性（Sui 和 Zhou，2013），多因子敏感性模拟试验成为研究单一因子影响效应和多因子影响效应的重要方法（Norby 和 Luo，2004）。为了消除历史 CO_2 浓度变化对碳通量的影响，根据 NASA 公布的 1959—2012 年 CO_2 浓度数据，本书取模型运行起始年 1961 年 CO_2 浓度水平值为 317.419 ppm，氮沉降采用区域 1980s 的水平值 0.000411kgN/(m^2·a)（Liu 等，2013），以 Biome-BGC 模型为工具，以 NPP 为碳收支的评价指标，基于多种情景模拟实验，通过分析温度、降水变化对草地碳通量的影响，定量分析单一气候因子对草原生产力的影响，辨识近 50 年干旱对内蒙古草原生产力格局的定量影响，揭示不同草原类型对干旱的响应差异；通过不同因子模拟实验进行干旱条件的设计，将全气候因子（降水、温度）和 CO_2 浓度及氮沉降历史某一时间水平值、降水（其他气候因子取平均）变化、温度（其他气候因子取平均）变化三种不同情景数据分别输入 Biome-BGC 模型模拟近 50 年内蒙古草地 NPP 的变化，评价不同情景下内蒙古草地碳收支的变化，实验设计方案如表 6-1。其中 CLM 试验模式下，分别为全气候因子（降水、温度）和 CO_2 浓度及氮沉降历史某一时间水平值做试验对照组，在区域尺度逐个栅格单元模拟 1961—2012 年 NPP 的变化。降水（其他气候因子取平均）变化试验组，主要探讨在只有降水变化的情景下，分析 1961—2012 年草地 NPP 的变化对降水的响应。温度（其他气候因子取平均）变化试验组，主要探讨在只有温度变化的情景下，分析 1961—2012 年草地 NPP 的变化对温度的响应。而干旱是对近 50 年草地生产力的净影响进行刻画：干旱对 NPP 的净影响分析等于将全气候因子和历史平均 CO_2 浓度及氮沉降变化情景模拟的影响减去温度和降水变化情景模拟的影响得到二者共同作用产生的交互影响，再加上降水变化情景模拟的 NPP 变化（Chen，2010）。主要过程如下。

（1）分别模拟 CLM、PREC、REMP 试验情景下，1961—2012 年草地 NPP 的变化。

（2）降水和温度对生产力的交互影响（Interactive Effect）＝CLM－PREC－TEMP，表明这种交互影响来自于温度和降水同时变化。

（3）干旱对生产力的净影响＝交互影响＋PREC，表明干旱的影响来自于降水和温度的变化。

表 6-1　　　　　　　　　　不同因子敏感性模拟实验设计

试 验 设 计	试 验 内 容
CO_2、氮沉降和气候变化（CLM）	CO_2 浓度和氮沉降（1961 年水平真实值）＋气候因子历史真实值
只改变降水（PREC）	CO_2 浓度和氮沉降（1961 年水平真实值）＋其他平均气候要素（温度、饱和水汽压差、太阳辐射）＋历史降水真实值
只改变温度（TEMP）	CO_2 浓度和氮沉降（1961 年水平真实值）＋其他平均气候要素（降水、饱和水汽压差、太阳辐射）＋历史温度真实值
其他变量	经纬度、海拔、土壤有效深度、土壤颗粒组成、植被类型

本书通过不同生理生态参数区分不同草地类型，设置不同因子模拟情景实验输入 Biome-BGC 模型，层层剖解干旱对不同草地类型 NPP 的变化趋势及其差异，辨识近 50 年干旱对内蒙古不同草地类型碳收支的定量影响，进一步揭示不同草地类型对干旱的响应差异。在研究干旱对不同草地类型碳源汇的定量影响的基础上，以近 50 年 NPP 的变化为评价标准，刻画干旱对内蒙古温带草原碳总收支的定量影响。

6.3 近50年降水和温度变化的时空特征

为了进一步分析干旱单一因子对 NPP 的净影响，有必要分析降水和温度的变化趋势，因为本书研究中干旱单一因子的影响是受降水与温度变化影响的。从图 6-1 （a）可以看出，内蒙古草地近 50 年降水无显著的变化趋势（$p > 0.05$），仅有降低的轻微趋势，其趋势为 -2.2mm/10a。从图 6-1 （b）看出，温度却有比较显著上升的趋势（$p < 0.01$），上升趋势为 0.358℃/10a。Sui 等的研究结果也表明内蒙古中国北方干旱和半干旱区域年平均降水无显著变化趋势，年平均温度却有显著上升的趋势，其趋势为 0.04℃/10a（Sui 和 Zhou，2013）。多年平均降水分布东高西低，自东南向西北地区逐渐减少。而近 50 年降水大部分地区呈增加的趋势，主要分布在草甸草原和荒漠草原区域内，典型草原的东北部、东南部和中部小部分地区降水呈减少的趋势。降水的变异幅度较大，其中 37.8% 的区域呈现增加的趋势，62.2% 的区域呈现减小的趋势，这与近 50 年干旱的变化趋势比较一致。近几十年来内蒙古草原降水呈现了西多东少的变化趋势（内蒙古中部为分界线），空间分布不均匀，尤其是荒漠草原秋季降水明显增加，不但降水日数减少，而且单次降水量也增大，降水的季节规律变化显著（韩芳，2013）。

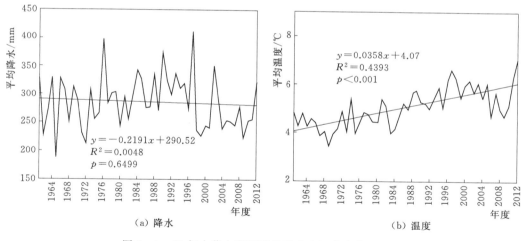

图 6-1　50 年内蒙古草原平均降水和温度变化趋势图

对内蒙古草原多年平均温度而言，西部地区温度相对较高，其次是东南部，北部温度最低。温度的变化整体上呈现了上升的趋势，尤其是北部和中西部上升的趋势比较显著。但温度的变化幅度相对较低，45.8% 的区域增温幅度大于 0.2℃，53.9% 的区域增温幅度为 0.1～0.2℃。就草地类型而言，温度上升的区域主要分布在典型草原区域的西部和中部及北部，还有草甸草原的北部，这样可能有利于寒冷区域草甸草原植被的生长，不利于典型草原植被的生长。

为了分析降水等气候因子对 NPP 的影响，本书进一步分析了 NPP 和年降水的相关性。总体上，降水与草地 NPP 的相关性显著高于温度与 NPP 的相关性，这与"降水是内蒙古草地生态系统的主要控制因子且与温度相关性较低"这一结论高度吻合（Bai 等，

2004；Xiao 等，1995；刘岩，2006）。可见内蒙古草原大部分地区降水与 NPP 存在高度相关，二者相关性显著的区域主要分布在典型草原和荒漠草原，相关关系较弱的区域主要分布在草甸草原区域，只有荒漠草原和典型草原北部地域存在低相关。这表明半干旱区典型草原和干旱区荒漠草原对降水的敏感性较低，半湿润区草甸草原对降水的敏感性较高，即表明典型草原和荒漠草原对干旱的抵抗能力高于草甸草原对干旱的抵抗能力。郭群等发现，草甸草原一年中各个降水时期的降水对地上净初级生产力的影响都较荒漠草原和典型草原小，而且大部分地区的降水对地上净初级生产力的影响不显著（郭群等，2013）。然而，内蒙古草原大部分地区温度与 NPP 存在不相关或低相关，这与其他学者的研究结论不一致；气温也是植被生产力的重要控制因子（Gill 和 Jackson，2000）。另外，内蒙古温带草原生物量年均温的负相关性最高，而与年降水量、年均相对湿度等水分因子呈正相关（韩彬等，2006）。还有学者认为，草地初级生产力与年降水量呈正相关，与年平均气温和干燥度呈负相关（牛建明，2001）。李刚等发现内蒙古地区草地 NPP 受降水量及生物温度的影响较大，但 NPP 的变化受降水量的影响更为明显（李刚等，2008）。但在大尺度范围内，生产力与气候因子的关系仍然不明晰（Nemani 等，2003）。因此，降水才是内蒙古草地植被生长的主要限制因子。

6.4　降水和温度对草地生产力的交互影响

本书通过不同情景模拟试验，研究了近 50 年内蒙古草地区域生产力的平均变化趋势，如图 6-2 所示。总体上，近 50 年内蒙古草地区域 NPP 平均值无显著变化趋势（$p >$ 0.05）。近 50 年草地生产力在 CLM 试验模式下，区域 NPP 平均值未呈现出显著变化的趋势（$R^2 < 0.05$）。在当前气候变化格局下，近 50 年内蒙古草地生产力的区域 NPP 平均值由 1961 年的 211.33gC/（m² · a）变为 2012 年的 366.93gC/（m² · a），其趋势为 -4.73gC/（m² · 10a），如图 6-2（b）所示。这表明当前的气候变化格局对内蒙古草地生产力的增加起轻微负面作用。近 50 年草地生产力在仅降水变化（PREC）试验模式下，区域 NPP 平均值也未呈现出显著变化的趋势（$R^2 < 0.05$）。在仅降水变化的情况下，近 50 年内蒙古草地生产力的区域 NPP 平均值由 1961 年的 278.88gC/（m² · a）变为 2012 年的 343.83gC/（m² · a），其趋势为 -6.17gC/（m² · 10a），如图 6-2（c）所示。这表明当前的降水变化格局对内蒙古草地生产力的降低起一定的负面作用。然而，近 50 年草地生产力在仅温度变化（TEMP）试验模式下，区域 NPP 平均值呈现出显著增加的变化趋势（$R^2 > 0.05$）。在仅有温度变化的情况下，近 50 年内蒙古草地生产力的区域 NPP 平均值由 1961 年的 228.48gC/（m² · a）变为 2012 年的 235.12gC/（m² · a），其趋势为 0.59gC/（m² · 10a），如图 6-2（d）所示。这表明当前的温度变化格局（升温）对内蒙古草地生产力的增加起显著正面作用。总体上，当前气候变化背景下近 50 草地生产力呈下降的轻微趋势，这揭示了降水变化对 NPP 的降低作用大于温度变化对 NPP 的增强作用。因此，当前的气候变化格局对内蒙古草地生产力起负作用，在一定程度上可能加剧了干旱对草地生态系统的影响。

然而，当前气候变化改变了草地 NPP 对干旱响应的作用不容忽视，如图 6-3 和图

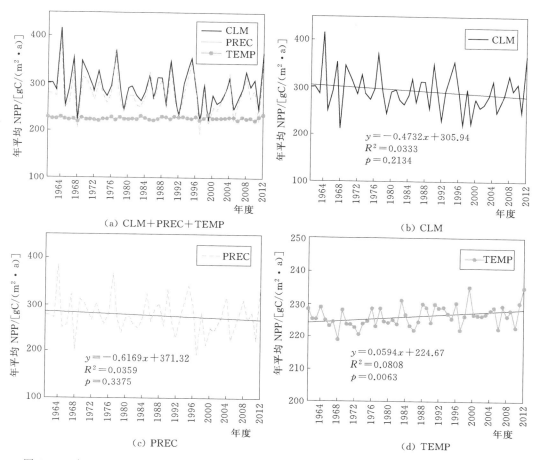

图6-2 在CLM、PREC和TEMP试验模式下内蒙古草地区域平均生产力的年际变化趋势图

6-4所示。降水和温度变化对草地NPP产生显著的交互影响（$p<0.05$），近50年内蒙古草地生产力的区域NPP平均值由1961年的$-207.51gC/(m^2 \cdot a)$变为2012年的$-212.02gC/(m^2 \cdot a)$，其趋势为$-1.96gC/(m^2 \cdot 10a)$。因此，评估干旱对草地生态系统的净影响时，必须考虑当前气候变化（降水和温度改变）产生的干扰。同时，由上文分析得知，近50年干旱对草地NPP存在显著的降低作用（$p<0.05$），但是干旱对区域NPP的影响在显著降低（$p<0.05$），其变化幅度的由1961年的$71.37gC/(m^2 \cdot a)$变为2012年的$41.81gC/(m^2 \cdot a)$，其趋势为$-7.44gC/(m^2 \cdot 10a)$。这表明近50年干旱对草地生产力的负作用在逐渐减弱，促进作用在加强。大多数情况下，20世纪的气候模式对森林生态系统生产力的增长起促进作用（Boisvenue和Running，2006）。在美国中西部草原，一些学者也发现气候变化对草地NPP的影响是正促进的趋势（Twine和Kucharik，2009）。在美国南部，Chen等也发现温度变化能够增强或减弱干旱对不同类型生态系统NPP的影响，降水和温度变化的交互作用增强了干旱对森林生产力的影响并导致生产力下降加重，但是同时减弱了干旱对农田和湿地生态系统生产力的影响。随着草地生态系统1895—2007年干旱严重性的降低，草地NPP显著上升，正好佐证了干旱造成草地生产力变化幅

度的减小（Chen，2010；Chen等，2012）。在当前气候变化模式下，近50年干旱对内蒙古草地生产力的负作用降低。

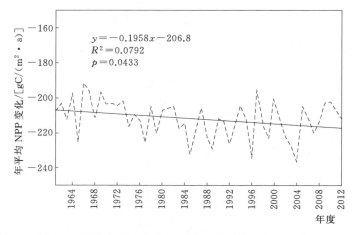

图6-3　近50年降水和温度变化对内蒙古草原草地生产力的交互影响图

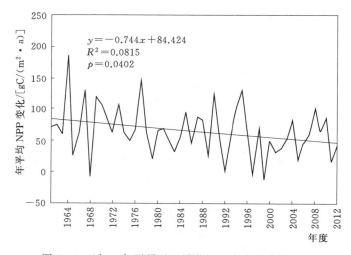

图6-4　近50年干旱对区域草地生产力的净影响图

从图6-2和图6-3可以看出，尽管温度变化对区域NPP变化的幅度有显著影响（$p<0.05$），但区域NPP平均值的年际变化主要由降水的波动控制的。NPP的最高值发生在最湿润的年份，最低值出现在最干旱的年份。如表6-2所示，在当前CLM试验模式下，2005年的极端干旱年区域NPP平均值仅为247.21gC/（m²·a），与正常年（2007年）相比降低了41.51gC/（m²·a），与湿润年（1964年）相差更大，结果为127.05gC/（m²·a）。在PREC试验模式下，2005年的极端干旱年区域NPP平均值仅为223.26gC/（m²·a），与正常年（2007年）相比降低了55.84gC/（m²·a），与湿润年（1964年）相差更大，结果为105.52gC/（m²·a）。在TEMP试验模式下，2005年的极端干旱年区域NPP平均值仅为228.92gC/（m²·a），与正常年（2007年）和湿润年（1964年）相差不

大，分别为 $0.62gC/(m^2 \cdot a)$ 和 $-0.35gC/(m^2 \cdot a)$。在典型干旱年、正常年和湿润年区域 NPP 平均值差异分析的基础上，对 3 种年度的平均态进行统计分析，如表 6-3 所示。基于区域 SPI_12 数据，对内蒙古草地 50 年中干旱年、正常年和湿润年进行分类。在当前 CLM 试验模式下，干旱年区域 NPP 平均值为 $266.49gC/(m^2 \cdot a)$，与正常年 $[294.87gC/(m^2 \cdot a)]$ 相比降低了 $28.38gC/(m^2 \cdot a)$，与湿润年 $[333.38gC/(m^2 \cdot a)]$ 相差更大，结果为 $66.89gC/(m^2 \cdot a)$。在 PREC 试验模式下，干旱年区域 NPP 平均值仅为 $250.38gC/(m^2 \cdot a)$，与正常年 $[282.11gC/(m^2 \cdot a)]$ 相比降低了 $31.73gC/(m^2 \cdot a)$，与湿润年 $[318.98gC/(m^2 \cdot a)]$ 相差 $68.6gC/(m^2 \cdot a)$。在 TEMP 试验模式下，干旱年区域 NPP 平均值仅为 $226.17gC/(m^2 \cdot a)$，与正常年 $[226.71gC/(m^2 \cdot a)]$ 和湿润年 $[226.67gC/(m^2 \cdot a)]$ 相差不大，分别为 $0.54gC/(m^2 \cdot a)$ 和 $0.50gC/(m^2 \cdot a)$。因此，内蒙古干旱对草地生产力的影响主要是由降水亏缺控制的，但是温度和降水对干旱的影响存在显著的干扰。Sui 等也通过全球变化因子敏感性模拟试验发现降水变异是中国北方温带草地生产力降低的主要影响因子（Sui 和 Zhou，2013）。

表 6-2   基于年干旱强度数据在不同试验方案下典型年 NPP 值对比表

试验方案	水 分 状 态		
	极端干旱年[2005 年，SPI$=-2.04$,gC/(m²·a)]	正常年[2007 年，SPI$=0.145$,gC/(m²·a)]	极端湿润年[1964 年，SPI$=2.185$,gC/(m²·a)]
CLM	247.21	288.72	415.77
PREC	223.26	279.10	384.12
TEMP	228.92	229.54	229.19

表 6-3   基于年干旱强度数据在不同试验方案下典型年 NPP 区域平均值对比表

试验方案	水 分 状 态		
	干旱年/[gC/(m²·a)]	正常年/[gC/(m²·a)]	湿润年/[gC/(m²·a)]
CLM	266.49 (26.44)	294.87 (32.94)	333.38 (49.66)
PREC	250.38 (26.07)	282.11 (30.76)	318.98 (44.99)
TEMP	226.17 (3.51)*	226.71 (3.45)*	226.67 (4.27)*

注：* 表示通过了 0.05 显著性水平检验，（ ）表示标准差。

6.5　近50年干旱对典型站点草地生产力的净影响

本书研究选择具有代表性的内蒙古草地类型六个站点分别代表的草甸草原（海拉尔和通辽气象站）、典型草原（锡林浩特和阿巴嘎旗气象站）和荒漠草原（阿拉善右旗和苏尼特左旗气象站），进一步分析干旱单一因子对不同草地生产力的影响。

基于 6.2 小节设计的实验方案，本书采用 Biome-BGC 模型模拟不同状态下 NPP 的变化，进而评估干旱对不同站点 NPP 的定量影响，如图 6-5 所示。从近 50 年总损失水平分析，6 个站点干旱单一因子造成的 NPP 净总损失为 $4287.30 \sim 11682.10gC/(m^2 \cdot a)$，

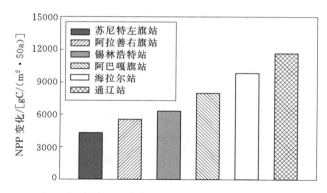

图 6-5　近 50 年干旱对内蒙古不同草地站点 NPP 造成的变化对比图

从荒漠草原站点至草甸草原站点逐渐增大。

　　气候变化与干旱的交互作用导致草地 NPP 变化对于干旱的响应具有较大的差异，为了进一步研究干旱单因子对不同草地类型 NPP 净影响的差异，本书进一步扩展待分析站点的数量，以进一步发现和总结规律。本书采用内蒙古近 40 个气象站点，分析不同草地类型 NPP 对干旱的净响应。少量站点出现 NPP 增加的现象，这说明干旱在某些情况下对 NPP 的影响并非全部是负面的，也存在有益的方面，但负作用依然是主旋律，大部分站点的 NPP 是下降的，主要集中在东北至西南方向的区域内，典型草原下降幅度最大，草甸草原和荒漠草原 NPP 损失严重性依次降低；基于不同草地类型站点加以平均，发现近 50 年干旱对草甸和典型荒漠草原的净影响分别为 8943.62gC/（m^2 · 50a）、9147.41gC/（m^2 · 50a）和 8123.59gC/（m^2 · 50a），这与典型草原干旱发生频率显著高于荒漠草原和草甸草原有密切关系（研究将进一步从区域尺度进行验证）。同时，发现干旱对不同草地类型 NPP 的净影响差异，与在多环境因子干扰下干旱对不同草地类型 NPP 的影响沿草甸草原、典型草原和荒漠草原梯度变化规律有所不同。Chen 等也发现美国南部降水和温度变化对干旱的交互作用对不同生态系统影响的差异，全球变暖对美国干旱施加了显著影响，而且还一步发现这种交互作用显著降低了草地的碳汇功能（Chen，2010）。Luo 等也发现降水和温度变化能够放大单一因子的影响，对不同植被类型碳储量产生显著交互影响（Luo 等，2008）。显然，为研究干旱对内蒙古草地生产力的净影响，必须考虑当前气候变化所带来的干扰，进一步研究不同类型草地生产力对干旱的响应，即剔除气候变化等因子对 NPP 的影响，获取干旱对 NPP 的净影响有益于对干旱影响规律进行合理分析，在未来还需要进一步研究控制干旱、气候变暖和其他环境因子之间交互作用的机制。

6.6　近 50 年干旱对区域草地生产力的净影响

　　在站点尺度上，本书分析了近 50 年单一干旱对不同类型草地生产力的影响，本小节从区域尺度进一步分析干旱对草地生产力的净影响。从近 50 年总体损失水平分析，干旱单一因子造成的内蒙古草地 NPP 总损失在 $-1140.30 \sim 15003.30$ gC/（m^2 · 52a）范围内变化，其中典型草原 NPP 损失最严重。整体上，大约 72.9% 的区域因干旱造成的 NPP 损失比较大，主要分布在草甸草原东部和东南部、典型草原中部和东北部以及荒漠草原东部，仅有27.1%的区域出现NPP轻微增加的现象，主要分布荒漠草原的西部。干旱对草地生产力的影响存在较大的空间异质性。这种空间差异的主要原因可能是草地对气候和生物量动态年际变化的敏感性（Flanagan等，2002；Meyers，2001；Niu等，2009），以及在区域尺度草地生态系统过程对气候和大气组成改变的响应理解不足所致（Wever等，2002）。

气候变化在一定程度上干扰着干旱对草地生态系统的作用，使干旱对草地生态系统的影响更复杂。如图6-6所示，近50年干旱对草甸、典型和荒漠草原NPP的区域平均净影响分别为7005.73gC/（m²·52a）、8466.10gC/（m²·52a）和4753.25gC/（m²·52a），可见与干旱在全球变化背景下对草地的混合影响相比，干旱单因子的净影响中典型草原NPP损失最严重，草甸草原次之，损失最小的是荒漠草原。干旱对草地生产力的净影响沿草甸草原—典型草原—荒漠草原的梯度变化呈现"两头低，中间高"的现象。其他学者也发现了气候变化显著改变了干旱对草地生产力的格局（Sui和Zhou，2013）。因此，为了还原干旱单因子对草地生产力的净影响，气候变化因子对干旱影响的干扰是有必要剔除的。

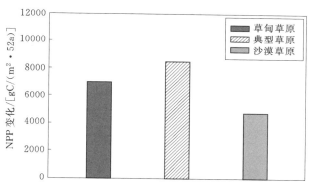

图6-6　近50年单一干旱对区域不同类型草地
NPP造成的总损失图示

基于SPI_3识别了52年内蒙古草地干旱状况。内蒙古干旱次数为36～61次，主要分布在草甸草原中东部、典型草原的大部分区域和荒漠草原的东北部。干旱平均强度为−1.20～−2.28次，比较严重的区域主要分布在草甸草原中部和东部、典型草原的中部和西部大部分区域以及荒漠草原的东部和南部。干旱平均强度为−1.20～−2.28次，比较严重的区域主要分布在草甸草原中部和东部、典型草原的中部和西部大部分区域以及荒漠草原的东部和南部。干旱持续时间为122～182月/52a，干旱持续时间比较长的区域主要分布在草甸草原中部和西部、典型草原的西部、中部和北部大部分区域以及荒漠草原的东北部。无论是干旱的次数、强度和持续时间典型草原都比草甸和荒漠草原严重，这与近50年草地总体干旱平均强度分布基本一致：荒漠草原西部干旱比较轻，荒漠草原东部，典型草原的西部、中部和南部以及东北部，草甸东南部和西部都是干旱频发的区域，干旱强度高且持续时间比较长。Sui等发现内蒙古草甸和荒漠草原NPP对降水变化的敏感性高于对温度变化的敏感性，典型草原对温度变化的敏感性高于草甸和荒漠草原，同时草地生产力的变异主要是有降水的变化控制的（Sui 和 Zhou，2013）。而且草甸草原和荒漠草原的降水在增加，典型草原的降水在减少而温度在上升，这可能导致典型草原 NPP 下降比草甸和荒漠草原 NPP 下降严重。

不同类型草地 NPP 对干旱的净响应存在较大差异。对于草甸草原，NPP 损失比较严重（NPP 变化为正值的区域）的区域面积百分比约为 95.4%，主要分布在草甸草原北部、中部和西部，在东北和东南部仅有 4.6% 区域出现 NPP 增加（NPP 变化为负值）的现象，这与近 50 年草甸草原干旱发生次数、强度和持续时间的分布基本吻合，北部、中部和西部干旱比较严重，东北和东南部相比较轻。对于典型草原，NPP 损失比较严重（NPP 变化为正值）的区域面积百分比为 91.6%，主要分布在典型草原中部和南部，在西北部、西南部和东北部仅有 8.4% 区域出现 NPP 增加（NPP 变化为负值）的现象。而干旱发生次数、强度和持续时间的基本态势也是中部和南部及东北部比较严重，东南部干旱相比较轻。对于荒漠草原，NPP 损失比较严重（NPP 变化为正值）的区域面积百分比约为 36.8%，主要分布在荒漠草原东南部和东北部，在西部却有 63.2% 区域出现 NPP 轻微增加（NPP 变化为负值）的现象。荒漠草原东南部和东北部比较严重，而西部干旱比较轻微，未达到严重级干旱程度。荒漠草原能抵抗比较严重干旱的干扰，而未造成荒漠草原生态系统的严重退化或者系统崩溃，且基于前面不同等级干旱对荒漠草原的影响分析，严重及中等干旱对荒漠草原 NPP 造成的影响较小，反而在干旱时植被的水分利用效率得到提高，故未对荒漠草地 NPP 造成严重影响（Scott 等，2010；Signarbieux 和 Feller，2012；Soussana 和 Lüscher，2007）。同时，基于前面荒漠草原西部降水整体增多的情况，发现西部地区适当的干旱干扰反而促进了荒漠草原西部 NPP 略微增加，同时也表明在不同草地类型，适当的干旱干扰在一定程度上促进了草地生态系统水分利用效率的提高，进而促使草地生产力提高。

气候变化在一定程度上增加了干旱对草地生产力影响的不确定性，气候变化的进一步加剧使干旱对草地影响的不确定性增加（Luo 等，2008），也增强了草地生态系统的脆弱性（Christensen 等，2004；Stocker 等，2013）。气候变化以不同的方式影响着草地生态系统，并不等同于单个因子作用的累计（De Vries 等，2012），本书研究的结果也表明干旱、降水和温度变化对生态系统的影响并不是几个因子影响结果的简单代数和，而是存在复杂的交互影响。在内蒙古温带草地，降水增加能显著增加 NPP 的变异（张峰等，2008）。中国北方草甸草原、典型草原和荒漠草原对降水变化的响应幅度存在差异（Sui 和 Zhou，2013；IGBP，2006），本书的研究结果也表现出了同样的响应差异。中等干旱和变暖并未增强草地生态系统对后续极端干旱的抵抗力和恢复力（Zavalloni 等，2008），然而，升温和极端干旱能够强烈刺激草地土壤有机碳的分解，主要通过刺激土壤微生物活性、根部活动和氮矿化速率增强土壤呼吸，进一步降低生态系统固碳功能（Melillo 等，2002；Pendall 等，2004；Rustad 等，2001；Sanaullah 等，2012）。同时，还有人发现干旱并没有降低生态系统 NPP，可能是因为升温促进了植被光合作用从而抵消了干旱对 NPP 的负影响（Xiao 等，2009；Zavalloni 等，2008）。气候变暖与升高的 CO_2 浓度能够在一定程度上增加半干旱区草地的土壤水分含量和生产力（Morgan 等，2011）。本书研究发现的荒漠和草甸草原部分区域 NPP 增加的现象正好佐证了这一结论。温度升高 2℃，能够导致 C3 草原固碳能力下降，促进 C3 - C4 和 C4 草地固碳能力增强（Seastedt 等，1994）。在本书中，不同草地生态系统对干旱、降水和温度变化的响应也存在较大差异，在内蒙古草原，降水变异是草地生产力年际波动的主要驱动因素（Hu，2010；Zhou 等，2002b；马文红等，2010），降水减少和升温导致了生态系统出现严重水分亏缺，使 NPP 下降严重（Zhang 等，2011）。本书研究的结果也表明，干旱对内蒙古草地生产力的影响主要是由降水亏缺变异引起的。

6.7 本章小结

本章评估了气候变化背景下单一干旱因子对草地生态系统生产力的影响，根据文献资料，基于 Biome - BGC 生态过程模型进行了不同情景模拟试验方案的设计，进一步分析近 50 年降水和温度变化特征，为进一步分析干旱的净影响做铺垫，从区域尺度研究了降水和温度变化对干旱影响的交互作用，并在点和区域尺度分析干旱对 NPP 的净影响，研究结果如下。

（1）降水是内蒙古草地 NPP 变异的主要控制因子之一。在点尺度上，NPP 和年降水存在显著相关（$p < 0.05$），与温度的相关性不显著（$p > 0.05$），典型草原和荒漠草原与年降水的相关性高于草甸草原。在区域尺度上，NPP 的变化与干旱特征的空间分布比较一致，整体上，大约 72.9% 的区域因干旱造成的 NPP 损失（NPP 变化为正值）比较大，主要分布在草甸草原东部和东南部、典型草原中部和东北部以及荒漠草原东部，仅有 27.1% 的区域出现 NPP 轻微增加（NPP 变化为负值）的现象，主要分布在荒漠草原的西部。

（2）在区域尺度上，当前的气候变化格局对内蒙古草地生产力起负作用，在一定程度上加剧了干旱对草地生态系统的影响。内蒙古干旱对草地草地生产力的影响主要是由降水亏缺造成的，但是温度和降水对干旱的影响存在显著干扰（$p > 0.05$）。总体上，当前气候变化背景下近 50 草地生产力呈下降的轻微趋势，揭示了降水变化对 NPP 的降低作用大于温度变化对 NPP 的增强作用；近 50 年降水变化对 NPP 的影响呈逐渐减弱的趋势，而且近 50 年干旱对草地生产力变化幅度的影响也在逐渐减弱。

（3）从近 50 年干旱对草地 NPP 造成的总体损失水平分析，干旱单一因子造成的 NPP 总变化为 -1140.30～15003.30gC/（m^2·52a），近 50 年干旱对草甸草原、典型草原和荒漠草原 NPP 的区域平均净影响分别为 7005.73gC/（m^2·52a）、8466.10gC/（m^2·52a）和 4753.25gC/（m^2·52a）。与干旱在全球变化背景下对草地的混合影响相比，干旱单因子对草原 NPP 净影响的严重程度为：典型草原＞草甸草原＞荒漠草原，且出现沿草甸草原—典型草原—荒漠草原的梯度变化呈现"两头低，中间高"的现象。因此，在一定程度上气候变化使干旱对草地生态系统生产力的影响复杂化。

（4）干旱对不同草地类型 NPP 的净影响存在差异。研究发现干旱对于草甸草原、典型草原和荒漠草原 NPP 损失比较严重（NPP 变化为正值）的面积百分比分别约为 95.4%、91.6% 和 36.8%；而 NPP 增加（NPP 变化为负值）的面积百分比分别为 4.6%、8.4% 和 63.2%，可见在一定程度上，气候变化增加了干旱对草地生产力影响的复杂性。

第 7 章

结论、创新、问题与展望

7.1 结论

　　本书针对不同等级干旱事件对不同草地生态系统生产力造成的影响如何量化这一问题，进行了深入的探讨与研究，以内蒙古不同类型草地生态系统为研究对象，以生态系统 NPP 为生产力评价指标，基于植被生长机理的动态模型 Biome-BGC 和干旱指数 SPI，在实测数据和通量数据支持下进行模型精确校准和结果验证，采用校准的模型模拟近 50 年不同类型草地植被的生长过程，以正常年 NPP 的多年平均值为干旱影响评估标准，研究了不同等级干旱事件对不同类型草地 NPP 变化的定量影响及其差异，并厘清了气候变化背景下干旱单一因子对草地生态系统生产力的净影响。本书从不同等级干旱及其影响评价的视角，系统考虑了草地植被形态和环境因素的时空变化对植被生长的影响，逐日模拟草地生态系统生产力的变化，评估不同程度的干旱事件对不同类型草地生态系统生产力造成的水分亏缺动态和累积影响，通过不同情景模拟实验，进一步剔除了降水和温度变化因子对干旱净影响的干扰，定量评估了近 50 年降水亏缺诱导的干旱对草地净碳收支的影响。在通量观测数据与生态过程模型有机融合的基础上，该方法能够低成本、多样化、定量化地评估干旱单因子对生态系统造成的不同程度影响，与野外实验手段形成有益补充，相互促进。主要结论如下。

　　（1）近 50 年草地干旱强度和生产力均无显著变化趋势。内蒙古草原干旱的发生频率高，属于干旱风险发生的高危区。近 50 年内蒙古草地干旱强度无明显的变化趋势（$p>$ 0.05），干旱持续时间（-0.28 月/10a）和影响面积（-1.5%/10a）均有显著下降的趋势（$p<0.05$）。92.8％的区域 SPI_12 无显著的变化趋势（$p>0.05$）。内蒙古草原最西部、东南部和东北部都有变湿润的轻微趋势，其余区域局部有变干的轻微趋势，尤其是荒漠草原东部和草甸草原东北部。中等干旱、严重干旱和极端干旱的发生频率分别为 1.26～4.33 年/次、1.73～10.2 年/次和 3.71～52 年/次。不同等级干旱发生的频率高低为：中等干旱＞严重干旱＞极端干旱，而且典型草原干旱发生频率高于草甸草原和荒漠草原干旱的发生频率。从时间尺度分析，近 50 年草地 NPP 无显著的年际变化趋势（$p>0.05$），略呈降低的变化趋势 [$-4.73\text{gC}/(\text{m}^2 \cdot 10\text{a})$]，其中 92.7% 的区域草地 NPP 在总体上也无显著变化的趋势（$p > 0.05$）。不同地区变化速率存在差异和具有较大的空间异质性，草甸草原、典型草原和荒漠草原 NPP 的变化速率分别为 $-0.97 \sim 3.23\text{gC}/(\text{m}^2 \cdot 10\text{a})$、$-1.30 \sim 4.35\text{gC}/(\text{m}^2 \cdot 10\text{a})$ 和 $-0.37 \sim 4.48\text{gC}/(\text{m}^2 \cdot 10\text{a})$。

（2）不同等级干旱对草地生产力造成了不同程度的影响，对不同类型草地生产力变化的影响程度存在较大差异。本书采用 SPI 对干旱年、正常年和湿润年进行有效识别，并以正常年 NPP 的多年平均值作为干旱影响的评估标准，剔除了干旱年和湿润年等极端状态对正常态 NPP 评估的干扰，建立了基于正常年 NPP 多年平均值的评估方法，具有较好的适用性。研究发现，干旱是造成草地 NPP 年际波动的主要驱动因子之一，干旱对草地 NPP 造成的影响大小可能与草地生态系统类型、干旱严重性（强度和持续时间）、干旱发生时间和植被所处物候期关系密切。不同等级干旱对同一草地类型 NPP 的影响存在显著差异，同一等级干旱水平对不同草地生态系统 NPP 的影响也存在较大不同。中等干旱事件造成的草甸草原、典型草原和荒漠草原 NPP 的平均损失分别为 $21.15\text{gC}/(\text{m}^2 \cdot \text{a})$、$20.38\text{gC}/(\text{m}^2 \cdot \text{a})$ 和 $9.51\text{gC}/(\text{m}^2 \cdot \text{a})$；严重干旱事件造成的草甸草原、典型草原和荒漠草原 NPP 的平均损失分别为 $32.99\text{gC}/(\text{m}^2 \cdot \text{a})$、$36.29\text{gC}/(\text{m}^2 \cdot \text{a})$ 和 $14.57\text{gC}/(\text{m}^2 \cdot \text{a})$；极端干旱事件造成的草甸草原、典型草原和荒漠草原 NPP 的平均损失分别为 $49.16\text{gC}/(\text{m}^2 \cdot \text{a})$、$52.61\text{gC}/(\text{m}^2 \cdot \text{a})$ 和 $59.82\text{gC}/(\text{m}^2 \cdot \text{a})$。中等和严重干旱对荒漠草原、典型草原和草甸草原 NPP 造成的损失自西向东沿荒漠—典型—草甸的梯度变化逐渐增大，而极端干旱造成的 NPP 损失沿荒漠—典型—草甸的梯度变化逐渐降低。

不同类型草地 NPP 的变化随着中等—严重—极端干旱等级的变化呈指数关系增长的趋势。在发生中等和严重等级干旱时，荒漠草原 NPP 对中等和严重等级干旱的响应速率低于草甸草原和典型草原 NPP 的变化速率，但是在极端干旱时，荒漠草原 NPP 变化对中等和严重等级干旱的响应速度高于草甸草原和典型草原 NPP 的变化速率。根据草地生产力退化评估标准，荒漠草原基本可以抵御中等和严重等级的干旱事件的影响，但极端干旱造成了荒漠草原生产力严重下降和草地退化；尽管不同等级干旱事件造成典型和草甸草原 NPP 绝对损失量较大，但整体上未造成典型和草甸草原生态系统生产力的退化。

（3）近 50 年干旱对草地生产力净影响显著，且对不同类型草地生产力的影响存在较大差异。本书剔除了气候变化（降水和温度）因子交互作用对干旱影响的干扰，进一步厘清了近 50 年干旱对草地 NPP 的定量影响，结论如下。在区域尺度上，近 50 年干旱单一因子造成的 NPP 净总损失在 $-1140.30 \sim 15003.30\text{gC}/(\text{m}^2 \cdot 52\text{a})$ 范围内变化。干旱对不同草地类型 NPP 的影响存在差异，对草甸草原、典型草原和荒漠草原 NPP 损失（NPP 变化为正值时）比较严重的区域面积百分比分别约为 95.4%、91.6% 和 36.8%；干旱造成草地 NPP 增加（NPP 变化为负值时）的区域面积百分比分别为 4.6%、8.4% 和 63.2%。近 50 年干旱对草甸、典型和荒漠草原 NPP 的区域平均净影响分别为 $7005.73\text{gC}/(\text{m}^2 \cdot 52\text{a})$、$8466.10\text{gC}/(\text{m}^2 \cdot 52\text{a})$ 和 $4753.25\text{gC}/(\text{m}^2 \cdot 52\text{a})$。干旱单因子对草地生产力净影响的严重性程度为：典型草原＞草甸草原＞荒漠草原。在区域尺度上，当前的气候变化格局总体上对内蒙古草地生产力变化起负作用，在一定程度上加剧了干旱对草地生态系统的影响。内蒙古干旱对草地生产力的影响主要是由降水亏缺引起的，但是当前气候（温度和降水）变化对干旱的影响存在显著干扰，降水变化对 NPP 的降低作用大于温度变化对 NPP 的增强作用，但近 50 年干旱对草地生产力变化幅度的影响在逐渐减弱。

7.2　创新

　　针对本书提出的科学问题，研究以干旱指数和生态过程模型为工具，基于通量观测数据进行区域模型精确校准，模拟了近 50 年内蒙古草原的 NPP 变化，层层深入，定量估算了不同等级干旱事件对不同草地类型 NPP 变化的影响，进一步厘清了近 50 年干旱单一因子对 NPP 造成的严重后果，探讨了草地生产力对不同干旱事件的响应关系；有效地突破了研究区域实验站点和数据限制、草地类型多样化和干旱问题复杂而无法实现干旱影响时空动态评估与预估的瓶颈，为我国防灾减灾以及社会经济生态系统可持续发展提供重大理论和技术支撑。具体创新如下。

　　（1）定量评估了不同等级干旱对不同类型草地生产力的影响。目前，干旱的影响评估并未区分不同等级干旱事件对不同草地类型生态系统造成影响差异。SPI 干旱指数能够灵活识别不同等级干旱的发生发展，Biome－BGC 模型能够刻画水分亏缺对植被造成的胁迫压力动态，定量估计不同等级干旱事件对不同类型草地 NPP 产生的影响。因此，在通量观测数据和生态过程模型有机融合的基础上，以 NPP 为评价指标，采用正常年 NPP 的多年平均值作为新的干旱影响评估标准，通过点面结合定量评价了不同等级干旱事件对近 50 年内蒙古不同草原类型生产力的影响，探讨了不同类型草地对不同等级干旱事件的响应关系，揭示了不同等级干旱对草地生产力的影响差异。

　　（2）厘清了近 50 年单一干旱因子对草地生产力影响的净贡献。目前，对干旱影响的评估并未消除气候变化等其他因子对干旱影响的交互作用，因此，在研究干旱的影响时，必须考虑干旱和其他因子之间的干扰效应及干旱影响的滞后性。在全球气候变化背景下，很有必要进一步厘清干旱单一因子对草地生态系统生产力的总净影响。本书基于不同情景模拟试验，以 NPP 为评价指标，通过层层分析消除了降水和温度变化对干旱影响的交互作用，估算降水、温度和干旱对草原生产力的净作用，辨识了近 50 年降水亏缺主导的干旱对内蒙古草原生产力格局的总影响，揭示了同草原类型 NPP 对干旱的响应差异。

7.3　问题与展望

7.3.1　存在的问题

　　干旱是对人类社会和生态环境造成威胁最严重的自然灾害之一，长期以来，如何定量评估干旱对生态系统的影响是比较困难的事（Crabtree 等，2009；Loehle，2011）。本书以干旱指数和生态机理过程模型为工具，系统地评估不同等级干旱对不同类型草地生态系统生产力的定量影响及其差异，并研究了近 50 年干旱对草地生产力的净影响，有效地突破了研究区域实验站点和数据有限、草地类型多样化和干旱问题复杂而无法实现时空实时动态评估与预估的瓶颈，与实验手段形成有益补充。然而，研究中仍然存在一些不足。

（1）数据误差。本书采用的气象数据是国内质量较高的一套数据，但空间分辨率仍较低，对草地受干旱影响的空间细节特征表现得不够细腻，栅格之间明显出现"马赛克"现象，与站点水平的研究存在尺度差异。且植被类型数据更新不及时，导致一些草甸草原分布在典型草原区域，故进行干旱影响评估时出现了与周围影响不同的斑块或"马赛克"现象。

（2）目前，NPP实测数据库比较缺乏，研究能够获取的NPP样本较少。在对模拟结果验证时，虽然目前获得的NPP数据能够支撑研究工作，但若能获得更多的NPP数据，可能会使研究成果更加突出。尤其是地下生物量数据的获取比较困难，需要花费大量的人力物力，建议建立一套完善的数据共享或交换机制，以促进研究工作的提高。

（3）Biome-BGC生态过程模型在全球范围的生态研究中得到了良好的验证和应用，尤其是对水分亏缺因素具有较好的响应效果，但是该模型对内蒙古区域内各类型草地生态系统的生理生态过程考虑不够详细，生理生态参数从文献资料、有限的实验和通量观测数据获得，这可能对草地的碳动态模拟产生影响。

7.3.2　展望

本书利用Biome-BGC模型动态量化地描述真实植被生长、发育和产量形成的过程及其对干旱压力累进的动态响应，评估不同等级干旱对不同草地类型生态系统生产力的影响，方法和结论能够为我国减灾防灾、国际气候变化谈判以及社会经济生态系统可持续发展提供重大理论和技术支撑。今后数据获取的手段会不断更新和扩充，生态过程模型在不断改进和完善，干旱影响评估工作也会不断改善，因此对未来的研究工作展望如下。

（1）希望今后能够获得更高时空分辨率的气象栅格数据，更好地反应干旱对草地生产力影响的细节特征，并能够获得高精度的数据进一步减少数据带来的模拟误差，加强极端状态（干旱）下模型对碳水循环过程的研究，同时进一步进行更加详尽的草地类型生理生态参数收集工作，并积极开展野外试验和长期固定观测，为后续深入的研究提供更加翔实的数据支撑。

（2）在较大的时空尺度上，降水量往往是草地生产力的关键限制因子；在相对较小的时空尺度上，降水时间分布或干旱发生时机对草地生产力的影响更为强烈（彭琴等，2012）。尽管将干旱发生时间这一因子考虑进来比较困难，但是依然需要投入较大的努力予以考虑，构建基于干旱强度、持续时间和干旱发生时机的干旱特征要素与NPP变化之间的定量函数关系，进一步提高干旱影响评估的精度。

（3）本书遵循"数据—模型"融合的改进之路，开展干旱背景下多因子控制试验，进一步识别不同因子之间的交互影响，剥离干旱单因子的定量影响，但是大量开展多因子野外试验需要耗费较大的人力物力，必须适当开展。生态过程模型也应当包含气候变化对土壤水分影响的直接和间接响应，以便更准确地预测干旱对生态系统短期和长期影响，而多因子试验应当能够测试不同因子相互作用的真实响应。生态过程模型可以使多因子试验更有效，反过来多因子试验可以使生态系统模型精度提高（Luo等，2008），因此，二者的有机融合能够进一步减少干旱影响评估时存在的不确定性。

（4）建立了干旱对生态系统影响的系统评估框架。在不同时空尺度上，探讨生态系统随着干旱强度和持续时间的变化而产生的各种响应，干旱前、中、后不同的生态系统结构和组成变化；探讨了干旱和生态系统其他干扰之间的关系，如病虫害和火灾、土地退化；在生态系统水平上，探讨了干旱对草地碳循环的作用机制及不同碳通量对干旱的响应关系，植被出现死亡时干旱强度、持续时间及影响面积的阈值。

（5）近年来内蒙古草原实施围栏封育，利于草地生态系统的恢复，如何甄别干旱和生态恢复对草地生产力的影响比较重要。在今后的研究工作中需进一步辨识人类活动（放牧、围栏封育）与自然干扰（干旱）对草地生产力的贡献。

参 考 文 献

［1］ Abberton M. , Conant R. , Batello C. . Grassland carbon sequestration: Management, policy and e-conomics ［J］. Integrated Crop Management, 2010: 11, 1－53.

［2］ Allaby M. . Grasslands ［J］. Infobase Publishing, 2009: 1－126.

［3］ Asner G. P. , Nepstad D. , Cardinot G. , et al. Drought stress and carbon uptake in an Amazon for-est measured with spaceborne imaging spectroscopy ［J］. Proceedings of the National Academy of Sciences of the United States of America, 2004, 101 (16): 6039－6044.

［4］ Bai Y. , Han X. , Wu J. , et al. Ecosystem stability and compensatory effects in the Inner Mongolia grassland ［J］. Nature, 2004, 431 (7005): 181－184.

［5］ Bai Y, Wu J, Xing Q, et al. Primary production and rain use efficiency across a precipitation gradi-ent on the Mongolia plateau ［J］. Ecology, 2008, 89 (8): 2140－2153.

［6］ Baldocchi, D. . FLUXNET: A new tool to study the temporal and spatial variability of ecosystem－scale carbon dioxide, water vapor, and energy flux densities ［J］. Bulletin of the American Meteor-ological Society, 2001, 82 (11): 2415－2434.

［7］ Baldocchi D. D. . Assessing the eddy covariance technique for evaluating carbon dioxide exchange rates of ecosystems: past, present and future ［J］. Global Change Biology, 2003, 9 (4): 479－492.

［8］ Baldocchi D. D. , Ryu Y. . A synthesis of forest evaporation fluxes－from days to years－as measured with eddy covariance, Forest Hydrology and Biogeochemistry ［J］. Springer, 2011: 101－116.

［9］ Bao Y. , Quan L. , Gang, B. . Spatial and temporal variation of biomass carbon stocks in Xilingol grassland, Mechatronic Sciences, Electric Engineering and Computer (MEC), Proceedings 2013 International Conference on ［C］. IEEE, 2013: 719－723.

［10］ Bloor J. M. , Bardgett R. D. . Stability of above－ground and below－ground processes to extreme drought in model grassland ecosystems: interactions with plant speciesdiversity and soil nitrogen a-vailability ［J］. Perspectives in Plant Ecology, Evolution and Systematics, 2012, 14 (3): 193－204.

［11］ Bloor J. M. , Pichon P. , Falcimagne R. , et al. Effects of warming, summer drought, and CO_2 enrichment on aboveground biomass production, flowering phenology, and community structure in an upland grassland ecosystem ［J］. Ecosystems, 2010, 13 (6): 888－900.

［12］ Bobbink R. , Hettelingh J. P. . Review and revision of empirical critical loads and dose－response re-lationships, Proceedings of an expert workshop ［J］. Noordwijkerhout, 2010: 23－25.

［13］ Boisvenue C. , Running S. W. . Impacts of climate change on natural forest productivity－evidence since the middle of the 20th century ［J］. Global Change Biology, 2006, 12 (5): 862－882.

［14］ Bonan G. B. . Ecological climatology: concepts and applications ［J］. Cambridge University Press, 2002: 13－386.

［15］ Bond E. M. , Chase J. M. . Biodiversity and ecosystem functioning at local and regional spatial scales ［J］. Ecology Letters, 2002, 5 (4): 467－470.

［16］ Bonsal B. R. . Drought research in Canada: a review ［J］. Atmosphere－Ocean, 2011, 49 (4): 303－319.

[17] Briggs J. M. , Knapp A. K. . Interannual variability in primary production in tallgrass prairie: climate, soil moisture, topographic position, and fire as determinants of aboveground biomass [J]. American Journal of Botany, 1995: 1024 - 1030.

[18] Byrne K. M. , Lauenroth W. K. , Adler P. B. . Contrasting effects of precipitation manipulations on production in two sites within the Central Grassland Region, USA [J]. Ecosystems, 2013, 16 (6): 1039 - 1051.

[19] Campbell V. , Murphy G. , Romanuk T. N. . Experimental design and the outcome and interpretation of diversity - stability relations [J]. Oikos, 2011, 120 (3): 399 - 408.

[20] Carter D. L. , Blair J. M. . High richness and dense seeding enhance grassland restoration establishment but have little effect on drought response [J]. Ecological Applications, 2012, 22 (4): 1308 - 1319.

[21] Castro M. d. , Martín - Vide J. , Alonso S. . El clima de España: pasado, presente y escenarios de clima para el siglo XXI [C]. 2005: 1 - 59.

[22] Chapin F. , Matson P. , Mooney H. . Principles of ecosystem ecology [J]. Springer - Verlag New York Inc, 2011: 1 - 529.

[23] Chapin F. S. . Biotic control over the functioning of ecosystems [J]. Science, 1997, 277 (5325): 500 - 504.

[24] Chaves M. M. . How plants cope with water stress in the field? Photosynthesis and growth [J]. Annals of Botany, 2002, 89 (7): 907 - 916.

[25] Chen G. . Effects of disturbance and land management on water, carbon, and nitrogen dynamics in the terrestrial ecosystems of the Southern United States [J]. Doctor Dissertation of USDA - ARS, 2010: 47 - 81.

[26] Chen G. , Tian H. , Zhang C. , et al. Drought in the Southern United States over the 20th century: variability and its impacts on terrestrial ecosystem productivity and carbon storage [J]. Climatic Change, 2012, 114 (2): 379 - 397.

[27] Christensen L. , Coughenour M. B. , Ellis J. E. , et al. Vulnerability of the Asian typical steppe to grazing and climate change [J]. Climatic Change, 2004, 63 (3): 351 - 368.

[28] Ciais P. , Reichstein M. , Viovy N. , et al. Europe - wide reduction in primaryproductivity caused by the heat and drought in 2003 [J]. Nature, 2005, 437 (7058): 529 - 533.

[29] Costanza R. , Wilson M. A. , Troy A. , et al. The value of New Jersey's ecosystem services and natural capital, Portland State University [C]. 2006: 1 - 167.

[30] Coupland R. T. . The effects of fluctuations in weather upon the grasslands of the Great Plains [J]. The Botanical Review, 1958, 24 (5): 273 - 317.

[31] Crabtree R. . A modeling and spatio - temporal analysis framework for monitoring environmental change using NPP as an ecosystem indicator [J]. Remote Sensing of Environment, 2009, 113 (7): 1486 - 1496.

[32] Craine J. M. , Nippert J. B. , Elmore A. J. , et al. Timing of climate variability and grassland productivity [J]. Proceedings of the National Academy of Sciences, 2012, 109 (9): 3401 - 3405.

[33] Dai A. . Drought under global warming: a review [C]. Wiley Interdisciplinary Reviews: Climate Change, 2011, 2 (1): 45 - 65.

[34] De Vries F. T. , Liiri M. E. , Bjørnlund L. , et al. Land use alters the resistance and resilience of soil food webs to drought [J]. Nature Climate Change, 2012, 2 (4): 276 - 280.

[35] Ding Y. , Hayes M. J. , Widhalm, M. . Measuring economic impacts of drought: a review and discussion [C]. Disaster Prevention and Management: An International Journal, 2011, 20 (4):

434 - 446.

[36] Dos Santos M. G. , Ribeiro R. V. , De Oliveira R. F. , et al. The role of inorganic phosphate on photosynthesis recovery of common bean after a mild water deficit [J]. Plant Science, 2006, 170 (3): 659 - 664.

[37] Dracup J. A. , Lee K. S. , Paulson E. G. . On the definition of droughts [J]. Water Resources Research, 1980, 16 (2): 297 - 302.

[38] Edwards D. C. . Characteristics of 20th century drought in the United States at multiple time scales [J]. Master of Science Colorado State University, 1997: 1 - 151.

[39] EM - DAT C. . The OFDA/CRED international disaster database [C]. Université Catholique, 2010.

[40] Falloon P. , Jones C. D. , Ades M. , et al. Direct soil moisture controls of future global soil carbon changes: An important source of uncertainty [J]. Global Biogeochemical Cycles, 2011, 25 (3): GB3010.

[41] Fay P. A. , Carlisle J. D. , Knapp A. K. , et al. Altering rainfall timing and quantity in a mesic grassland ecosystem: design and performance of rainfall manipulation shelters [J]. Ecosystems, 2000, 3 (3): 308 - 319.

[42] Fierer N. , Schimel J. P. . Effects of drying - rewetting frequency on soil carbon and nitrogen transformations [J]. Soil Biology and Biochemistry, 2002, 34 (6): 777 - 787.

[43] Fisher R. A. , Williams M. , Costa D. , et al. The response of an Eastern Amazonian rain forest to drought stress: results and modelling analyses from athroughfall exclusion experiment [J]. Global Change Biology, 2007, 13 (11): 2361 - 2378.

[44] Flanagan L. B. , Wever L. A. , Carlson P. J. . Seasonal and interannual variation in carbon dioxide exchange and carbon balance in a northern temperate grassland [J]. Global Change Biology, 2002, 8 (7): 599 - 615.

[45] Fynn A. J. , Alvarez P. , Brown J. R. , et al. Soil carbon sequestration in United States rangelands [J]. Grassland Carbon Sequestration: Management, Policy and Economics, 2010 (11): 57.

[46] Gadgil S. , Guruprasad A. , Sikka D. , et al. Intraseasonal variation and simulation of the Indian summer monsoon. Simulation of interannual and intraseasonal monsoon variability [C]. Rep. WCRP - 68. World Meteorological Organization, 1992.

[47] Gallopín G. C. . Linkages between vulnerability, resilience, and adaptive capacity [J]. Global Environmental Change, 2006, 16 (3): 293 - 303.

[48] Gao Z. , Liu J. , Cao M. , et al. Impacts of land - use and climate changes on ecosystem productivity and carbon cycle in the cropping - grazing transitional zone in China [J]. Science in China Series D: Earth Sciences, 2005, 48 (9): 1479 - 1491.

[49] Gilgen A. , Buchmann N. . Response of temperate grasslands at different altitudes to simulated summer drought differed but scaled with annual precipitation [J]. Biogeosciences Discussions, 2009, 6 (3).

[50] Gill R. A. , Jackson R. B. . Global patterns of root turnover for terrestrial ecosystems [J]. New Phytologist, 2000, 147 (1): 13 - 31.

[51] Giorgi F. . A daily temperature dataset over China and its application in validating a RCM simulation [J]. Advances in Atmospheric Sciences, 2009, 26 (4): 763 - 772.

[52] Grant R. , Baldocchi D. , Ma S. . Ecological controls on net ecosystem productivity of a seasonally dry annual grassland under current and future climates: Modelling with ecosys [J]. Agricultural and Forest Meteorology, 2012 (152): 189 - 200.

[53] Grime J. P. . Biodiversity and ecosystem function: the debate deepens [J]. Science - New York,

1997：1260 - 1261.

[54] Guo Q. , Hu Z. , Li S. , et al. Spatial variations in aboveground net primary productivity along a climate gradient in Eurasian temperate grassland：effects of mean annual precipitation and its seasonal distribution [J]. Global Change Biology, 2012, 18 (12): 3624 - 3631.

[55] Guttman N. B. . Comparing the palmer drought index and the standardized precipitation index1 [C]. Wiley Online Library, 1998: 113 - 121.

[56] Haddad N. M. , Tilman D. , Knops J. M. . Long - term oscillations in grassland productivity induced by drought [J]. Ecology Letters, 2002, 5 (1): 110 - 120.

[57] Hao Y. , Wang Y. , Mei X. , et al. The response of ecosystem CO_2 exchange to small precipitation pulses over a temperate steppe [J]. Plant Ecology, 2010, 209 (2): 335 - 347.

[58] Hao Y. , Wang Y. , Mei X. , et al. CO_2, H_2O and energy exchange of an Inner Mongolia steppe ecosystem during a dry and wet year [J]. Acta Oecologica, 2008, 33 (2): 133 - 143.

[59] Harper C. W. , Blair J. M. , Fay P. A. , et al. Increased rainfall variability and reduced rainfall amount decreases soil CO_2 flux in a grassland ecosystem [J]. Global Change Biology, 2005, 11 (2): 322 - 334.

[60] Hartley I. P. , Armstrong A. F. , Murthy R. , et al. The dependence of respiration on photosynthetic substrate supply and temperature：integrating leaf, soil and ecosystem measurements [J]. Global Change Biology, 2006, 12 (10): 1954 - 1968.

[61] Hayes M. J. . Drought indices [C]. Wiley Online Library, 2006: 1 - 11.

[62] Heimann M. , Reichstein M. . Terrestrial ecosystem carbon dynamics and climate feedbacks [J]. Nature, 2008, 451 (7176): 289 - 292.

[63] Henry H. A. , Cleland E. E. , Field C. B. , et al. Interactive effects of elevated CO_2, N deposition and climate change on plant litter quality in a California annual grassland [J]. Oecologia, 2005a, 142 (3): 465 - 473.

[64] Henry H. A. , Juarez J. D. , Field C. B. , et al. Interactive effects of elevated CO_2, N deposition and climate change on extracellular enzyme activity and soil density fractionation in a California annual grassland [J]. Global Change Biology, 2005b, 11 (10): 1808 - 1815.

[65] Herbel C. H. , Ares F. N. , Wright R. A. . Drought effects on a semidesert grassland range [J]. Ecology, 1972, 53 (6): 1084 - 1093.

[66] Houghton R. , Hackler J. . Sourcesand sinks of carbon from land - use change in China [J]. Global Biogeochemical Cycles, 2003, 17 (2): 1 - 19.

[67] Hu Z. . Precipitation - use efficiency along a 4500 - km grassland transect [J]. Energy, Ecosystem, and Environmental Change, 2010, 19 (6): 842 - 851.

[68] Hunt J. E. , Kelliher F. M. , McSeveny T. M. , et al. Long - term carbon exchange in a sparse, seasonally dry tussock grassland [J]. Global Change Biology, 2004, 10 (10): 1785 - 1800.

[69] Hussain M. Z. , Grünwald T. , Tenhunen J. D. , et al. Summer drought influence on CO_2 and water fluxes of extensively managed grassland in Germany [J]. Agriculture, Ecosystems & Environment, 2011, 141 (1): 67 - 76.

[70] Huxman T. E. , Cable J. M. , Ignace D. D. , et al. Response of net ecosystem gas exchange to a simulated precipitation pulse in a semi - arid grassland：the role of native versus non - native grasses and soil texture [J]. Oecologia, 2004a, 141 (2): 295 - 305.

[71] Huxman T. E. , Smith M. D. , Fay P. A. , et al. Convergence across biomes to a common rain - use efficiency [J]. Nature, 2004b, 429 (6992): 651 - 654.

[72] Huxman T. E. , Snyder K. A. , Tissue D. , et al. Precipitation pulses and carbon fluxes in semiarid

and arid ecosystems [J]. Oecologia, 2004c, 141 (2): 254 – 268.

[73] Ichii K., Hashimoto H., Nemani R., et al. Modeling the interannual variability and trends in gross and net primary productivity of tropical forests from 1982 to 1999 [J]. Global and Planetary Change, 2005, 48 (4): 274 – 286.

[74] Jaksic V.. Net ecosystem exchange of grassland in contrasting wet and dry years [J]. Agricultural and Forest Meteorology, 2006, 139 (3): 323 – 334.

[75] Janga Reddy M., Ganguli P.. Application of copulas for derivation of drought severity – duration – frequency curves [J]. Hydrological Processes, 2012, 26 (11): 1672 – 1685.

[76] Jentsch A., Beierkuhnlein C.. Research frontiers in climate change: effects of extreme meteorological events on ecosystems [J]. Comptes Rendus Geoscience, 2008, 340 (9): 621 – 628.

[77] Jentsch A., Kreyling J., Beierkuhnlein C.. A new generation of climate – change experiments: events, not trends [J]. Frontiers in Ecology and the Environment, 2007, 5 (7): 365 – 374.

[78] Jentsch A., Kreyling J., Elmer M., et al. Climate extremes initiate ecosystem – regulating functions while maintaining productivity [J]. Journal of Ecology, 2011, 99 (3): 689 – 702.

[79] Ji L., Peters A. J.. Assessing vegetation response to drought in the northern Great Plains using vegetation and drought indices [J]. Remote Sensing of Environment, 2003, 87 (1): 85 – 98.

[80] Jongen M., Pereira J. S., Aires L. M. I., et al. The effects of drought and timing of precipitation on the inter – annual variation in ecosystem – atmosphere exchange in a Mediterranean grassland [J]. Agricultural and Forest Meteorology, 2011, 151 (5): 595 – 606.

[81] Kahmen A., Perner J., Buchmann N.. Diversity – dependent productivity in semi – natural grasslands following climate perturbations [J]. Functional Ecology, 2005, 19 (4): 594 – 601.

[82] Kemp D. R., Guodong H., Xiangyang H., et al. Innovative grassland management systems for environmental and livelihood benefits [J]. Proceedings of the National Academy of Sciences, 2013, 110 (21): 8369 – 8374.

[83] Keyantash J., Dracup J. A.. The quantification of drought: an evaluation of drought indices [J]. Bulletin of the American Meteorological Society, 2002, 83 (8): 1167 – 1180.

[84] Klos R. J., Wang G. G., Bauerle W. L., et al. Drought impact on forest growth and mortality in the southeast USA: an analysis using Forest Health and Monitoring data [J]. Ecological Applications, 2009, 19 (3): 699 – 708.

[85] Knapp A. K., Fay P. A., Blair J. M., et al. Rainfall variability, carbon cycling, and plant species diversity in a mesic grassland [J]. Science, 2002, 298 (5601): 2202 – 2205.

[86] Knapp A. K., Smith M. D.. Variation among biomes in temporal dynamics of aboveground primary production [J]. Science, 2001, 291 (5503): 481 – 484.

[87] Koerner S.. Effects of global change on savanna grassland ecosystems [C]. Doctor Dissertation of The University of New Mexico, 2012: 1 – 127.

[88] Kongstad J., Schmidt I. K., Riis – Nielsen T., et al. High resilience in heathland plants to changes in temperature, drought, and CO_2 in combination: results from the CLIMAITE experiment [J]. Ecosystems, 2012, 15 (2): 269 – 283.

[89] Kreyling J., Beierkuhnlein C., Elmer M., et al. Soil biotic processes remain remarkably stable after 100 – year extreme weather events in experimental grassland and heath [J]. Plant and Soil, 2008, 308 (1 – 2): 175 – 188.

[90] Kreyling J., Thiel D., Simmnacher K., et al. Geographic origin and past climatic experience influence the response to late spring frost in four common grass species in central Europe [J]. Ecography, 2012, 35 (3): 268 – 275.

［ 91 ］ Kuylenstierna J. C. , Rodhe H. , Cinderby S. , et al. Acidification in developing countries: ecosystem sensitivity and the critical load approach on a global scale ［J］. Ambio: A Journal of the Human Environment, 2001, 30 (1): 20 – 28.

［ 92 ］ Łabędzki L. . Estimation of local drought frequency in central Poland using the standardized precipitation index SPI ［S］. Irrigation and Drainage, 2007, 56 (1): 67 – 77.

［ 93 ］ Lambers H. , Chapin III F. S. , Pons T. L. . Plant water relations ［J］. Springer, 2008: 36 – 54.

［ 94 ］ Laporte M. F. , Duchesne L. , Wetzel S. . Effect of rainfall patterns on soil surface CO_2 efflux, soil moisture, soil temperature and plant growth in a grassland ecosystem of northern Ontario, Canada: implications for climate change ［J］. BMC Ecology, 2002, 2 (1): 10.

［ 95 ］ Lauenroth W. , Sala O. E. . Long – term forage production of North American shortgrass steppe ［J］. Ecological Applications, 1992, 2 (4): 397 – 403.

［ 96 ］ Le Houerou H. N. . Rain use efficiency: a unifying concept in arid – land ecology ［J］. Journal of Arid Environments, 1984, 7 (3): 213 – 247.

［ 97 ］ Liang E. , Liu X. , Yuan Y. , et al. The 1920S Drought Recorded by Tree Rings and Historical Documents in the Semi – Arid and Arid Areas of Northern China ［J］. Climatic Change, 2006, 79 (3 – 4): 403 – 432.

［ 98 ］ Liu X. , Zhang Y. , Han W. , et al. Enhanced nitrogen deposition over China ［J］. Nature, 2013, 494 (7438): 459 – 462.

［ 99 ］ Liu X. , Wang Y. , Peng J. , et al. Assessing vulnerability to drought based on exposure, sensitivity and adaptive capacity: a case study in middle Inner Mongolia of China ［J］. Chinese Geographical Science, 2013, 23 (1): 13 – 25.

［100］ Lloyd – Hughes B. , Saunders M. A. . A drought climatology for Europe ［J］ . International Journal of Climatology, 2002, 22 (13): 1571 – 1592.

［101］ Loehle C. . Criteria for assessing climate change impacts on ecosystems ［J］. Ecology and evolution, 2011, 1 (1): 63 – 72.

［102］ Loreau M. , Naeem S. , Inchausti P. . Biodiversity and ecosystem functioning: synthesis and perspectives ［J］. Oxford University Press, 2002: 1 – 294.

［103］ Lotsch A. , Friedl M. A. , Anderson B. T. , et al. Coupled vegetation – precipitation variability observed from satellite and climate records ［J］. Geophysical Research Letters, 2003, 30 (14): CLM8 (1 – 4).

［104］ Luo G. , Han Q. , Zhou D. , et al. Moderate grazing can promote aboveground primary production of grassland under water stress ［J］. Ecological Complexity, 2012 (11): 126 – 136.

［105］ Luo Y. , Gerten D. , Le Maire G. , et al. Modeled interactive effects of precipitation, temperature, and CO_2 on ecosystem carbon and water dynamics in different climatic zones ［J］. Global Change Biology, 2008, 14 (9): 1986 – 1999.

［106］ Ma W. , Yang Y. , He J. , et al. Above – and belowground biomass in relation to environmental factors in temperate grasslands, Inner Mongolia ［J］. Science in China Series C: Life Sciences, 2008, 51 (3): 263 – 270.

［107］ Ma Z. , Peng C. , Zhu Q. , et al. Regional drought – induced reduction in the biomass carbon sink of Canada's boreal forests ［J］. Proceedings of the National Academy of Sciences, 2012, 109 (7): 2423 – 2427.

［108］ Martí – Roura M. , Casals P. , Romanyà J. . Temporal changes in soil organic C under Mediterranean shrublands and grasslands: impact of fire and drought ［J］. Plant and Soil, 2011, 338 (1 – 2): 289 – 300.

[109] Mayerhofer P., Alcamo J., Posch M., et al. Regional Air Pollution and Climate Change in Europe: an Integrated Assessment (Air－Clim) [J]. Water, Air, & Soil Pollution, 2001, 130 (1－4): 1151－1156.

[110] McKee T. B., Doesken N. J., Kleist J.. The relationship of drought frequency and duration to time scales, Proceedings of the 8th Conference on Applied Climatology [J]. American Meteorological Society Boston, MA, 1993: 179－183.

[111] Meehl G. A., Karl T., Easterling D. R., et al. An Introduction to Trends in Extreme Weather and Climate Events: Observations, Socioeconomic Impacts, Terrestrial Ecological Impacts, and Model Projections [J]. Bulletin of the American Meteorological Society, 2000, 81 (3): 413－416.

[112] Meir P., Ian Woodward F.. Amazonian rain forests and drought: response and vulnerability [J]. New Phytologist, 2010, 187 (3): 553－557.

[113] Meir P., Metcalfe D., Costa A., et al. The fate of assimilated carbon during drought: impacts on respiration in Amazon rainforests [J]. Philosophical Transactions of the Royal Society B: Biological Sciences, 2008, 363 (1498): 1849－1855.

[114] Melillo J. M., Steudler P. A., Aber J. D., et al. Soil warming and carbon－cycle feedbacks to the climate system [J]. Science, 2002, 298 (5601): 2173－2176.

[115] Melillo J. M., McGuire A. D., Kicklighter D. W., et al. Global climate change and terrestrial net primary production [J]. Nature, 1993, 363 (6426): 234－240.

[116] Meyers T. P.. A comparison of summertime water and CO_2 fluxes over rangeland for well watered and drought conditions [J]. Agricultural and Forest Meteorology, 2001, 106 (3): 205－214.

[117] Milbau A., Scheerlinck L., Reheul D., et al. Ecophysiological and morphological parameters related to survival in grass species exposed to an extreme climatic event [J]. Physiologia Plantarum, 2005, 125 (4): 500－512.

[118] Milne E., Sessay M., Paustian K., et al. Towards a standardized system for the reporting of carbon benefits in sustainable land management projects [J]. Grassland Carbon Sequestration: Management, Policy and Economics, 2010 (11): 105.

[119] Miranda A. C., Miranda H. S., Lloyd J., et al. Fluxes of carbon, water and energy over Brazilian cerrado: an analysis using eddy covariance and stable isotopes [J]. Plant, Cell & Environment, 1997, 20 (3): 315－328.

[120] Mirzaei H., Kreyling J., Zaman Hussain M., et al. A single drought event of 100－year recurrence enhances subsequent carbon uptake and changes carbon allocation in experimental grassland communities [J]. Journal of Plant Nutrition and Soil Science, 2008, 171 (5): 681－689.

[121] Mishra A. K., Singh V. P.. A review of drought concepts [J]. Journal of Hydrology, 2010, 391 (1): 202－216.

[122] Mishra A. K., Singh V. P.. Drought modeling－A review [J]. Journal of Hydrology, 2011, 403 (1): 157－175.

[123] Morgan J. A., LeCain D. R., Pendall E., et al. C4 grasses prosper as carbon dioxide eliminates desiccation in warmed semi－arid grassland [J]. Nature, 2011, 476 (7359): 202－205.

[124] Mu Q., Zhao M., Running S. W., et al. Contribution of increasing CO_2 and climate change to the carbon cycle in China's ecosystems [J]. Journal of Geophysical Research: Biogeosciences (2005－2012), 2008, 113 (G1): G01018 (1－15).

[125] Naeem S.. Biodiversity: Biodiversity equals instability [J]. Nature, 2002, 416 (6876): 23－24.

[126] Nemani R. R., Keeling C. D., Hashimoto H., et al. Climate－driven increases in global terrestrial net primary production from 1982 to 1999 [J]. Science, 2003, 300 (5625): 1560－1563.

[127] Ni J. . Carbon storage in grasslands of China [J]. Journal of Arid Environments, 2002, 50 (2): 205 – 218.

[128] Ni J. . Estimating net primary productivity of grasslands from field biomass measurements in temperate northern China [J]. Plant Ecology, 2004, 174 (2): 217 – 234.

[129] Ni J. , Zhang X. S. . Climate variability, ecological gradient and the Northeast China Transect (NECT) [J]. Journal of Arid Environments, 2000, 46 (3): 313 – 325.

[130] Nilsson J. . Critical loads for sulphur and nitrogen, Air Pollution and Ecosystems [J]. Springer, 1988, 85 – 91.

[131] Nippert J. B. , Knapp A. K. , Briggs J. M. . Intra – annual rainfall variability and grassland productivity: can the past predict the future [J]. Plant Ecology, 2006, 184 (1): 65 – 74.

[132] Niu S. . Water – mediated responses of ecosystem carbon fluxes to climatic change in a temperate steppe [J]. New Phytologist, 2008, 177 (1): 209 – 219.

[133] Niu S. , Wu M. , Han Y. I. , et al. Nitrogen effects on net ecosystem carbon exchange in a temperate steppe [J]. Global Change Biology, 2010, 16 (1): 144 – 155.

[134] Niu S. , Yang H. , Zhang Z. , et al. Non – additive effects of water and nitrogen addition on ecosystem carbon exchange in a temperate steppe [J]. Ecosystems, 2009, 12 (6): 915 – 926.

[135] Norby R. J. , Luo Y. . Evaluating ecosystem responses to rising atmospheric CO_2 and global warming in a multi – factor world [J]. New Phytologist, 2004, 162 (2): 281 – 293.

[136] Novick K. A. , Stoy P. C. , Katul G. G. , et al. Carbon dioxide and water vapor exchange in a warm temperate grassland [J]. Oecologia, 2004, 138 (2): 259 – 274.

[137] O'connor T. , Haines L. , Snyman H. . Influence of precipitation and species composition on phytomass of a semi – arid African grassland [J]. Journal of Ecology, 2001, 89 (5): 850 – 860.

[138] Oh S. B. , Byun H. R. , Kim D. W. . Spatiotemporal characteristics of regional drought occurrence in East Asia [J]. Theoretical and Applied Climatology, 2013: 1 – 13.

[139] Palmer W. C. . Meteorological drought [C]. US Department of Commerce, Weather Bureau Washington, DC, USA, 1965: 1 – 55.

[140] Paquette A. , Messier C. . The effect of biodiversity on tree productivity: from temperate to boreal forests [J]. Global Ecology and Biogeography, 2011, 20 (1): 170 – 180.

[141] Parmesan C. . Ecological and evolutionary responses to recent climate change [J]. Annu. Rev. Ecol. Evol. Syst. , 2006 (37): 637 – 669.

[142] Parton W. , Scurlock J. , Ojima D. , et al. Impact of climate change on grassland production and soil carbon worldwide [J]. Global Change Biology, 1995, 1 (1): 13 – 22.

[143] Paruelo J. M. , Lauenroth W. K. , Burke I. C. , et al. Grassland precipitation – use efficiency varies across a resource gradient [J]. Ecosystems, 1999, 2 (1): 64 – 68.

[144] Pei F. , Li X. , Liu X. , et al. Assessing the impacts of droughts on net primary productivity in China [J]. Journal of Environmental Management, 2013, 114 (0): 362 – 371.

[145] Pendall E. , Bridgham S. , Hanson P. J. , et al. Below – ground process responses to elevated CO_2 and temperature: A discussion of observations, measurement methods, and models [J]. New Phytologist, 2004, 162 (2): 311 – 322.

[146] Peng S. , Piao S. , Shen Z. , et al. Precipitation amount, seasonality and frequency regulate carbon cycling of a semi – arid grassland ecosystem in Inner Mongolia, China: A modeling analysis [J]. Agricultural and Forest Meteorology, 2013 (178): 46 – 55.

[147] Pereira J. S. , Mateus J. A. , Aires L. M. , et al. Net ecosystem carbon exchange in three contrasting Mediterranean ecosystems? The effect of drought [J]. Biogeosciences, 2007, 4 (5):

791 - 802.

[148] Peters W. , Jacobson A. R. , Sweeney C. , et al. An atmospheric perspective on North American carbon dioxide exchange: CarbonTracker [J]. Proceedings of the National Academy of Sciences, 2007, 104 (48): 18925 - 18930.

[149] Pfisterer A. B. , Schmid B. . Diversity - dependent production can decrease the stability of ecosystem functioning [J]. Nature, 2002, 416 (6876): 84 - 86.

[150] Piao S. , Ciais P. , Huang Y. , et al. The impacts of climate change on water resources and agriculture in China [J]. Nature, 2010, 467 (7311): 43 - 51.

[151] Porter E. , Blett T. , Potter D. U. , et al. Protecting resources on federal lands: implications of critical loads for atmospheric deposition of nitrogen and sulfur [J]. BioScience, 2005, 55 (7): 603 - 612.

[152] Raich J. W. , Potter C. S. , Bhagawati D. . Interannual variability in global soil respiration, 1980 - 94 [J]. Global Change Biology, 2002, 8 (8): 800 - 812.

[153] Ran G. , Wang X. K. , Ouyang Z. Y. , et al. Spatial and temporal relationships between precipitation and ANPP of four types of grasslands in northern China [J]. Journal of Environmental Sciences, 2006, 18 (5): 1024 - 1030.

[154] Reichstein M. , Bahn M. , Ciais P. , et al. Climate extremes and the carbon cycle [J]. Nature, 2013, 500 (7462): 287 - 295.

[155] Reichstein M. , Ciais P. , Papale D. , et al. Reduction of ecosystem productivity and respiration during the European summer 2003 climate anomaly: a joint flux tower, remote sensing and modelling analysis [J]. Global Change Biology, 2007, 13 (3): 634 - 651.

[156] Ribas - Carbo M. , Taylor N. L. , Giles L. , et al. Effects of water stress on respiration in soybean leaves [J]. Plant Physiology, 2005, 139 (1): 466 - 473.

[157] Running S. W. , Baldocchi D. D. , Turner D. P. , et al. A global terrestrial monitoring network integrating tower fluxes, flask sampling, ecosystem modeling and EOS satellite data [J]. Remote Sensing of Environment, 1999, 70 (1): 108 - 127.

[158] Running S. W. , Nemani R. R. , Hungerford R. D. . Extrapolation of synoptic meteorological data in mountainous terrain and its use for simulating forest evapotranspiration and photosynthesis [J]. Canadian Journal of Forest Research, 1987, 17 (6): 472 - 483.

[159] Rustad L. , Campbell J. , Marion G. , et al. A meta - analysis of the response of soil respiration, net nitrogen mineralization, and aboveground plant growth to experimental ecosystem warming [J]. Oecologia, 2001, 126 (4): 543 - 562.

[160] Ryan M. G. , Law B. E. . Interpreting, measuring, and modeling soil respiration [J]. Biogeochemistry, 2005, 73 (1): 3 - 27.

[161] Sala O. E. , Parton W. J. , Joyce L. , et al. Primary production of the central grassland region of the United States [J]. Ecology, 1988, 69 (1): 40 - 45.

[162] Sanaullah M. , Chabbi A. , Rumpel C. , et al. Carbon allocation in grassland communities under drought stress followed by ^{14}C pulse labeling [J]. Soil Biology and Biochemistry, 2012(55): 132 - 139.

[163] Schmid S. , Hiltbrunner E. , Spehn E. , et al. Impact of experimentally induced summer drought on biomass production in alpine grassland, Grassland farming and land management systems in mountainous regions. Proceedings of the 16th Symposium of the European Grassland Federation, Gumpenstein, Austria, 29th - 31st August, 2011 [C]. Agricultural Research and Education Center (AREC) Raumberg - Gumpenstein, 2011: 214 - 216.

[164] Schröter D. , Cramer W. , Leemans R. , et al. Ecosystem service supply and vulnerability to

global change in Europe [J]. science, 2005, 310 (5752): 1333 – 1337.

[165] Schwalm C. R., Williams C. A., Schaefer K., et al. Reduction in carbon uptake during turn of the century drought in western North America [J]. Nature Geoscience, 2012, 5 (8): 551 – 556.

[166] Schwinning S., Sala O. E., Loik M. E., et al. Thresholds, memory, and seasonality: understanding pulse dynamics in arid/semi – arid ecosystems [J]. Oecologia, 2004, 141 (2): 191 – 193.

[167] Schymanski S., Sivapalan M., Roderick M., et al. An optimality – based model of the coupled soil moisture and root dynamics [J]. Hydrology & Earth System Sciences Discussions, 2008, 12 (3): 913 – 932.

[168] Scott R. L., Hamerlynck E. P., Jenerette G. D., et al. Carbon dioxide exchange in a semidesert grassland through drought – induced vegetation change [C]. Journal of Geophysical Research: Biogeosciences (2005—2012), 2010, 115 (G3): G03026 (1 – 12).

[169] Scott R. L., Jenerette G. D., Potts D. L., et al. Effects of seasonal drought on net carbon dioxide exchange from a woody – plant – encroached semiarid grassland [C]. Journal of Geophysical Research: Biogeosciences (2005—2012), 2009, 114 (G4): G04004 (1 – 14).

[170] Seastedt T., Coxwell C., Ojima D., et al. Controls of plant and soil carbon in a semihumid temperate grassland [J]. Ecological Applications, 1994, 4 (2): 344 – 353.

[171] Shafer B., Dezman L.. Development of a Surface Water Supply Index (SWSI) to assess the severity of drought conditions in snowpack runoff areas [C]. Proceedings of the Western Snow Conference, 1982: 164 – 175.

[172] Shanahan T. M.. Atlantic forcing of persistent drought in West Africa. science, 324 (5925): 377 – 380.

[173] Shaw M. R., Zavaleta E. S., Chiareuo N. R., et al. Grassland responses to global environmental changes suppressed by elevated CO_2 [J]. Science, 2009, 298 (5600): 1987 – 1990.

[174] Sheffield J., Wood E. F.. Characteristics of global and regional drought, 1950—2000: Analysis of soil moisture data from offline simulation of the terrestrial hydrologic cycle [C]. Journal of Geophysical Research: Atmospheres (1984—2012), 2007, 112 (D17115), doi: 10.1029/2006 JD008288.

[175] Sheffield J., Wood E. F.. Drought: Past problems and future scenarios [J]. Routledge, 2012: 1 – 248.

[176] Sheffield J., Wood E. F., Roderick M. L.. Little change in global drought over the past 60 years [J]. Nature, 2012, 491 (7424): 435 – 438.

[177] Shinoda M., Nachinshonhor G. U., Nemoto M.. Impact of drought on vegetation dynamics of the Mongolian steppe: A field experiment [J]. Journal of Arid Environments, 2010, 74 (1): 63 – 69.

[178] Signarbieux C., Feller U.. Effects of an extended drought period on physiological properties of grassland species in the field [J]. Journal of Plant Research, 2012, 125 (2): 251 – 261.

[179] Sitch S., Cox P., Collins W., et al. Indirect radiative forcing of climate change through ozone effects on the land – carbon sink [J]. Nature, 2007, 448 (7155): 791 – 794.

[180] Smit B., Wandel J.. Adaptation, adaptive capacity and vulnerability [J]. Global environmental change, 2006, 16 (3): 282 – 292.

[181] Smith M. D.. The ecological role of climate extremes: current understanding and future prospects [J]. Journal of Ecology, 2011, 99 (3): 651 – 655.

[182] Smith M. D., Knapp A. K.. Physiological and morphological traits of exotic, invasive exotic, and native plant species in tallgrass prairie [J]. International Journal of Plant Sciences, 2001, 162

(4)：785 – 792.

[183] Smith M. D. , Knapp A. K. , Collins S. L. . A framework for assessing ecosystem dynamics in response to chronic resource alterations induced by global change [J]. Ecology, 2009, 90 (12)：3279 – 3289.

[184] Smith P. , Fang C. , Dawson J. J. , et al. Impact of global warming on soil organic carbon [J]. Advances in agronomy, 2008 (97)：1 – 43.

[185] Solomon S. . Climate change 2007 – the physical science basis：Working group I contribution to the fourth assessment report of the IPCC, 4 [M]. Cambridge：Cambridge University Press, Cambridge：2007：339 – 378.

[186] Song Y. , Njoroge J. B. , Morimoto Y. . Drought impact assessment from monitoring the seasonality of vegetation condition using long – term time – series satellite images：a case study of Mt. Kenya region [J]. Environmental monitoring and assessment, 2013, 185 (5)：4117 – 4124.

[187] Soussana J. F. , Lüscher A. . Temperate grasslands and global atmospheric change：a review [J]. Grass and Forage Science, 2007, 62 (2)：127 – 134.

[188] Spinoni J. , Naumann G. , Carrao H. , et al. World drought frequency, duration, and severity for 1951—2010 [J]. International Journal of Climatology, 2013, 34 (8)：2792 – 2804.

[189] Sternberg T. . Regional drought has a global impact [J]. Nature, 2011, 472 (7342)：169 – 169.

[190] Sternberg T. . Chinese drought, bread and the Arab Spring [J]. Applied Geography, 2012 (34)：519 – 524.

[191] Stocker T. F. , Dahe Q. , Plattner G. – K. . Climate Change 2013：The Physical Science Basis. Working Group I Contribution to the Fifth Assessment Report of the Intergovernmental Panel on Climate Change [J]. Summary for Policymakers (IPCC, 2013), 2013：1 – 33.

[192] Sui X. , Zhou G. . Carbon dynamics of temperate grassland ecosystems in China from 1951 to 2007：an analysis with a process – based biogeochemistry model [J]. Environmental Earth Sciences, 2013, 68 (2)：521 – 533.

[193] Suseela V. , Conant R. T. , Wallenstein M. D. , et al. Effects of soil moisture on the temperature sensitivity of heterotrophic respiration vary seasonally in an old - field climate change experiment [J]. Global Change Biology, 2012, 18 (1)：336 – 348.

[194] Suttie J. M. , Reynolds S. G. , Batello C. . Grasslands of the World. Food & Agriculture Org, 1 – 488.

[195] Suttle K. , Thomsen M. A. , Power M. E. . Species interactions reverse grassland responses to changing climate [J]. Science, 2007, 315 (5812)：640 – 642.

[196] Tatarinov F. A. , Cienciala E. . Application of BIOME – BGC model to managed forests：1. Sensitivity analysis [J]. Forest Ecology and Management, 2006, 237 (1)：267 – 279.

[197] Thompson J. , Gavin H. , Refsgaard A. , et al. Modelling the hydrological impacts of climate change on UK lowland wet grassland [J]. Wetlands Ecology and Management, 2009, 17 (5)：503 – 523.

[198] Thornton P. E. , Hasenauer H. , White M. A. . Simultaneous estimation of daily solar radiation and humidity from observed temperature and precipitation：an application over complex terrain in Austria [J]. Agricultural and Forest Meteorology, 2000, 104 (4)：255 – 271.

[199] Thornton P. E. , Running S. W. . An improved algorithm for estimating incident daily solar radiation from measurements of temperature, humidity, and precipitation [J]. Agricultural and Forest Meteorology, 1999, 93 (4)：211 – 228.

[200] Thuiller W. . Biodiversity：climate change and the ecologist [J]. Nature, 2007, 448 (7153)：550 – 552.

[201] Tian H. , Chen G. , Zhang C. , et al. Century – scale responses of ecosystem carbon storage and flux to multiple environmental changes in the southern United States [J]. Ecosystems, 2012, 15 (4): 674 – 694.

[202] Tian H. , Melillo J. , Kicklighter D. , et al. The sensitivity of terrestrial carbon storage to historical climate variability and atmospheric CO_2 in the United States [J]. Tellus B, 1999, 51 (2): 414 – 452.

[203] Tian H. , Melillo J. , Lu C. , et al. China's terrestrial carbon balance: contributions from multiple global change factors [J]. Global Biogeochemical Cycles, 2011, 25 (1), GB1007 (1 – 16).

[204] Tilman D. . Competition andbiodiversity in spatially structured habitats [J]. Ecology, 1994, 75 (1): 2 – 16.

[205] Tilman D. , El Haddi A. . Drought and biodiversity in grasslands [J]. Oecologia, 1992, 89 (2): 257 – 264.

[206] Tilman D. , Reich P. B. , Knops J. M. . Biodiversity and ecosystem stability in a decade – long grassland experiment [J]. Nature, 2006, 441 (7093): 629 – 632.

[207] Tilman D. , Wedin D. , Knops J. . Productivity and sustainability influenced by biodiversity in grassland ecosystems [J]. Nature, 1996, 379 (6567): 718 – 720.

[208] Titlyanova A. , Bazilevich N. . Semi – natural temperate meadows and pastures: nutrient cycling [J]. Coupland RT, 1979: 170 – 180.

[209] Tourneux C. , Peltier G. . Effect of water deficit on photosynthetic oxygen exchange measured using $18O_2$ and mass spectrometry in Solanum tuberosum L. leafdiscs [J]. Planta, 1995, 195 (4): 570 – 577.

[210] Trnka M. , Bartošová L. , Schaumberger A. , et al. Climate change and impact on European grasslands, Grassland farming and land management systems in mountainous regions [C]. Proceedings of the 16th Symposium of the European Grassland Federation, Gumpenstein, Austria, 29th – 31st August, 2011. Agricultural Research and Education Center (AREC) Raumberg – Gumpenstein, 2011: 39 – 51.

[211] Twine T. E. , Kucharik C. J. . Climate impacts on net primary productivity trends in natural and managed ecosystems of the central and eastern United States [J]. Agricultural and Forest Meteorology, 2009, 149 (12): 2143 – 2161.

[212] Van der Molen M. K. , Dolman A. J. , Ciais P. , et al. Drought and ecosystem carbon cycling [J]. Agricultural and Forest Meteorology, 2011, 151 (7): 765 – 773.

[213] Van Minnen J. G. , Onigkeit J. , Alcamo J. . Critical climate change as an approach to assess climate change impacts in Europe: development and application [J]. Environmental Science & Policy, 2002, 5 (4): 335 – 347.

[214] Van Ruijven J. , Berendse F. . Diversity enhances community recovery, but not resistance, after drought [J]. Journal of Ecology, 2010, 98 (1): 81 – 86.

[215] Vicente – Serrano S. M. , Beguería S. , López – Moreno J. I. . A multiscalar drought index sensitive to global warming: the standardized precipitation evapotranspiration index [J]. Journal of Climate, 2010, 23 (7): 1696 – 1718.

[216] Violle C. . Competition, traits and resource depletion in plant communities [J]. Oecologia, 2009, 160 (4): 747 – 755.

[217] Volaire F. , Barkaoui K. , Norton, M. . Designing resilient and sustainable grasslands for a drier future: adaptive strategies, functional traits and biotic interactions [J]. European Journal of Agronomy, 2014 (52): 81 – 89.

[218] Walter J. . Beyond productivity – Effects of extreme weather events on ecosystem processes and

biotic interactions [C]. Doctor dissertation of der Universität Bayreuth, 2012: 1 – 167.

[219] Walter J. , Nagy L. , Hein R. , et al. Do plants remember drought? Hints towards a drought – memory in grasses [J]. Environmental and Experimental Botany, 2011, 71 (1): 34 – 40.

[220] Wang Y. , Hao Y. , Cui X. Y. , et al. Responses of soil respiration and its components to drought stress [J]. Journal of Soils and Sediments, 2014, 14 (1): 99 – 109.

[221] Wang Z. , Xiao X. , Yan X. . Modeling gross primary production of maize cropland and degraded grassland in northeastern China [J]. Agricultural and Forest Meteorology, 2010, 150 (9): 1160 – 1167.

[222] Webb W. , Szarek S. , Lauenroth W. , et al. Primary productivity and water use in native forest, grassland, and desert ecosystems [J]. Ecology, 1978: 1239 – 1247.

[223] Wever L. A. , Flanagan L. B. , Carlson P. J. . Seasonal and interannual variation in evapotranspiration, energy balance and surface conductance in a northern temperate grassland [J]. Agricultural and Forest Meteorology, 2002, 112 (1): 31 – 49.

[224] White M. A. , Thornton P. E. , Running S. W. , et al. Parameterization and sensitivity analysis of the BIOME – BGC terrestrial ecosystem model: net primary production controls [J]. Earth Interactions, 2000, 4 (3): 1 – 85.

[225] White R. P. , Murray S. , Rohweder M. , et al. Grassland ecosystems [J]. World Resources Institute Washington, DC, USA, 2006: 1 – 55.

[226] Wiegand T. , Snyman H. A. , Kellner K. , et al. Do grasslands have a memory: modeling phytomass production of a semiarid South African grassland [J]. Ecosystems, 2004, 7 (3): 243 – 258.

[227] Wilhite D. A. . Drought as a natural hazard: concepts and definitions [J]. Drought, A Global Assessment, 2000 (1): 3 – 18.

[228] Wilhite D. A. . Drought and water crises: science, technology, and management issues [M]. Boca raton: CRC Press, 2005, 1 – 219 .

[229] Wilhite Donald A. . Drought and water crises: science, technology, and management issues [M]. Boca Raton: CRC Press, 2014: 1 – 312.

[230] Wilhite D. A. , Glantz M. H. . Understanding: the drought phenomenon: the role of definitions [J]. Water International, 1985, 10 (3): 111 – 120.

[231] Wood T. E. , Silver W. L. . Strong spatial variability in trace gasdynamics following experimental drought in a humid tropical forest [J]. Global Biogeochemical Cycles, 2012, 26 (3), GB3005 (1 – 12).

[232] Woodward F. , Lomas M. . Vegetation dynamics – simulating responses to climatic change [J]. Biological Reviews, 2004, 79 (03): 643 – 670.

[233] Wu W. X. , Wang S. Q. , Xiao X. M. , et al. Modeling gross primary production of a temperate grassland ecosystem in Inner Mongolia, China, using MODIS imagery and climate data [J]. Science in China Series D: Earth Sciences, 2008, 51 (10): 1501 – 1512.

[234] Wu Z. , Wu J. , He B. , et al. Drought offset Ecological Restoration Program – induced increase in vegetation activity in the Beijing – Tianjin Sand Source Region, China [J]. Environmental Science & Technology, 2014, 48 (20): 12108 – 12117.

[235] Xia J. , Liu S. , Liang S. , et al. Spatio – Temporal Patterns and Climate Variables Controlling of Biomass Carbon Stock of Global Grassland Ecosystems from 1982 to 2006 [J]. Remote Sensing, 2014, 6 (3): 1783 – 1802.

[236] Xiao J. , Zhuang Q. , Liang E. , et al. Twentieth – Century Droughts and Their Impacts on Terrestrial Carbon Cycling in China [J]. Earth Interactions, 2009, 13 (10): 1 – 31.

[237] Xiao X. , Ojima D. , Parton W. , et al. Sensitivity of Inner Mongolia grasslands to climate change [J]. Journal of Biogeography, 1995: 643 – 648.

[238] Xu C. , McDowell N. G. , Sevanto S. , et al. Our limited ability to predict vegetation dynamics under water stress [J]. New Phytologist, 2013, 200 (2): 298 – 300.

[239] Xu Z. , Zhou G. . Responses of leaf stomatal density to water status and its relationship with photosynthesis in a grass [J]. Journal of Experimental Botany, 2008, 59 (12): 3317 – 3325.

[240] Xu Z. , Zhou G. , Shimizu H. . Are plant growth and photosynthesis limited by pre – drought following rewatering in grass? [J]. Journal of Experimental Botany, 2009 (216): 1 – 13.

[241] Yachi S. , Loreau M. . Biodiversity and ecosystem productivity in a fluctuating environment: the insurance hypothesis [J]. Proceedings of the National Academy of Sciences, 1999, 96 (4): 1463 – 1468.

[242] Yahdjian L. , Sala O. E. . Vegetation structure constrains primary production response to water availability in the Patagonian steppe [J]. Ecology, 2006, 87 (4): 952 – 962.

[243] Yang F. , Zhou G. . Sensitivity of Temperate Desert Steppe Carbon Exchange to Seasonal Droughts and Precipitation Variations in Inner Mongolia, China [J]. PLoS ONE, 2013, 8 (2): e55418 (1 – 12).

[244] Yang F. , Zhou G. , Hunt J. E. , et al. Biophysical regulation of net ecosystem carbon dioxide exchange over a temperate desert steppe in Inner Mongolia, China [J]. Agriculture, Ecosystems & Environment, 2011, 142 (3): 318 – 328.

[245] Yeh S. W. . El Niño in a changing climate [J]. Nature, 2009, 461 (7263): 511 – 514.

[246] IGBP. Science plan and implementation strategy [C]. IGBP Report No. 55. IGBP Secretariat, Stockholm, 2006: 5 – 76.

[247] Yu G. , Li X. , Wang Q. , et al. Carbon storage and its spatial pattern of terrestrial ecosystem in China [J]. Journal of Resources and Ecology, 2010, 1 (2): 97 – 109.

[248] Zavalloni C. , Gielen B. , Lemmens C. , et al. Does a warmer climate with frequent mild water shortages protect grassland communities against a prolonged drought? [J]. Plant and Soil, 2008, 308 (1 – 2): 119 – 130.

[249] Zhang F. , Zhou G. , Wang Y. , et al. Evapotranspiration and crop coefficient for a temperate desert steppe ecosystem using eddy covariance in Inner Mongolia, China [J]. Hydrological Processes, 2012a, 26 (3): 379 – 386.

[250] Zhang G. , Kang Y. , Han G. , et al. Effect of climate change over the past half century on the distribution, extent and NPP of ecosystems of Inner Mongolia [J]. Global Change Biology, 2011, 17 (1): 377 – 389.

[251] Zhang L. , Guo H. , Jia G. , et al. Net ecosystem productivity of temperate grasslands in northern China: An upscaling study [J]. Agricultural and Forest Meteorology, 2014, 184 (0): 71 – 81.

[252] Zhang L. , Xiao J. , Li J. , et al. The 2010 spring drought reduced primary productivity in southwestern China [J]. Environmental Research Letters, 2012b, 7 (4): 045706 (1 – 10).

[253] Zhang Y. , Zhou G. . Exploring the effects of water on vegetation change and net primary productivity along the IGBP Northeast China Transect [J]. Environmental Earth Sciences, 2011, 62 (7): 1481 – 1490.

[254] Zhao M. , Running S. W. . Drought – induced reduction in global terrestrial net primary production from 2000 through 2009 [J]. Science, 2010, 329 (5994): 940 – 943.

[255] Zheng X. X. , Liu G. H. , Fu B. J. , et al. Effects of biodiversity and plant community composition on productivity in semiarid grasslands of Hulunbeir, Inner Mongolia, China [J]. Annals of the New York Academy of Sciences, 2010 (1195): E52 – E64.

[256] Zhou G., Wang Y., Jiang Y., et al. Carbon balance along the Northeast China transect (NECT - IGBP) [C]. Science in China, Series C, Life sciences/Chinese Academy of Sciences, 2001, 45 (s1): 18 - 29.

[257] Zhou G., Wang Y., Jiang Y., et al. Estimating biomass and net primary production from forest inventory data: a case study of China's Larix forests [J]. Forest Ecology and Management, 2002a, 169 (1 - 2): 149 - 157.

[258] Zhou G., Wang Y., Wang S.. Responses of grassland ecosystems to precipitation and land use along the Northeast China Transect [J]. Journal of Vegetation Science, 2002b, 13 (3): 361 - 368.

[259] 白永飞. 降水量季节分配对克氏针茅草原初级生产力的影响 [J]. 植物生态学报, 1999, 23 (2): 155 - 160.

[260] 曹燕燕. 干旱时空变化及分布特征研究 [D]. 天津: 天津大学硕士论文, 2012, 4 - 70.

[261] 陈辰, 王靖, 潘学标, 等. CENTURY 模型在内蒙古草地生态系统的适用性评价 [J]. 草地学报, 2012 (6): 1011 - 1019.

[262] 陈全功, 任继周, 王珈谊. 中国草业开发与生态建设专家系统 [M]. 北京: 电子工业出版社, 2006: 5 - 186.

[263] 陈晓鹏, 尚占环. 中国草地生态系统碳循环研究进展 [J]. 中国草地学报, 2011, 33 (4): 99 - 110.

[264] 陈玉民. 中国主要作物需水量与灌溉 [M]. 北京: 水利电力出版社, 1995: 328 - 341.

[265] 陈佐忠, 黄德华, 张鸿芳. 内蒙古锡林河流域羊草草原与大针茅草原地下生物量与降雨量关系模型探讨 [M]. 草原生态系统研究, 北京: 科学出版社, 1988: 20 - 225.

[266] 陈佐忠, 汪诗平, 王艳芬. 内蒙古典型草原生态系统定位研究最新进展 [J]. 植物学通报, 2003, 20 (4): 423 - 429.

[267] 程曼, 王让会, 薛红喜, 等. 干旱对我国西北地区生态系统净初级生产力的影响 [J]. 干旱区资源与环境, 2012, 26 (6): 1 - 7.

[268] 戴雅婷, 那日苏, 吴洪新, 等. 我国北方温带草原碳循环研究进展 [J]. 草业科学, 2009, 26 (9): 43 - 48.

[269] 董明伟, 喻梅. 沿水分梯度草原群落 NPP 动态及对气候变化响应的模拟分析 [J]. 植物生态学报, 2008, 32 (3): 531 - 543.

[270] 董云社, 齐玉春. "草地生态系统碳循环过程" 研究进展 [J]. 地理研究, 2006, 25 (1): 183 - 183.

[271] 范月君, 侯向阳, 石红霄, 等. 气候变暖对草地生态系统碳循环的影响 [J]. 草业学报, 2012, 21 (3): 294.

[272] 方精云. 全球生态学气候变化与生态响应 [M]. 北京: 高等教育出版社, 2000: 1 - 319.

[273] 方精云, 郭兆迪, 朴世龙, 等. 1981～2000 年中国陆地植被碳汇的估算 [J]. 中国科学: D 辑, 2007, 37 (6): 804 - 812.

[274] 方精云, 柯金虎, 唐志尧, 等. 生物生产力的 "4P" 概念, 估算及其相互关系 [J]. 植物生态学报, 2001, 25 (4): 414 - 419.

[275] 方精云, 朴世龙. CO_2 失汇与北半球中高纬度陆地生态系统的碳汇 [J]. 植物生态学报, 2001, 25 (5): 594 - 602.

[276] 方精云, 杨元合, 马文红, 等. 中国草地生态系统碳库及其变化 [J]. 中国科学: 生命科学, 2010 (7): 566 - 576.

[277] 伏玉玲, 于贵瑞, 王艳芬, 等. 水分胁迫对内蒙古羊草草原生态系统光合和呼吸作用的影响 [J]. 中国科学: 地球科学, 2006, 36 (增刊 I): 183 - 193.

[278] 符淙斌, 董文杰, 温刚, 等. 全球变化的区域响应和适应 [J]. 气象学报, 2003, 61 (2):

245 – 249.

[279] 周广胜, 王玉辉. 全球生态学 [M]. 北京: 气象出版社, 2003: 1 – 360.

[280] 郭群, 胡中民, 李轩然, 等. 降水时间对内蒙古温带草原地上净初级生产力的影响 [J]. 生态学报, 2013, 33 (15): 4808 – 4817.

[281] 韩彬, 樊江文, 钟华平. 内蒙古草地样带植物群落生物量的梯度研究 [J]. 植物生态学报, 2006, 30 (4): 553 – 562.

[282] 韩芳. 气候变化对内蒙古荒漠草原生态系统的影响 [D]. 呼和浩特: 内蒙古大学, 2013: 4 – 124.

[283] 韩建国. 草地学 [M]. 北京: 中国农业出版社, 2007: 112 – 301.

[284] 何斌, 武建军, 吕爱锋. 农业干旱风险研究进展 [J]. 地理科学进展, 2010, 29 (5): 557 – 564.

[285] 胡波, 孙睿, 陈永俊, 等. 遥感数据结合 Biome – BGC 模型估算黄淮海地区生态系统生产力 [J]. 自然资源学报, 2011 (12): 2061 – 2071.

[286] 胡中民, 樊江文, 钟华平, 等. 中国温带草地地上生产力沿降水梯度的时空变异性 [J]. 中国科学: D 辑, 2007, 36 (12): 1154 – 1162.

[287] 纪文瑶. 内蒙古草原生物量、地下生产力及其与环境因子关系研究 [D]. 北京: 北京师范大学, 2013: 4 – 47.

[288] 孔庆馥. 中国饲用植物化学成分及营养价值表 [M]. 北京: 中国农业出版社, 1990: 46 – 217.

[289] 兰玉坤. 内蒙古地区近 50 年气候变化特征研究 [D]. 北京: 中国农业科学院, 2007: 6 – 42.

[290] 李成树. 内蒙古森林 NPP 多尺度观测空间信息系统研究 [D]. 呼和浩特: 内蒙古农业大学, 2011: 4 – 40.

[291] 李刚, 周磊, 王道龙, 等. 内蒙古草地 NPP 变化及其对气候的响应 [J]. 生态环境, 2008 (5): 1948 – 1955.

[292] 李慧. 福建省森林生态系统 NPP 和 NEP 时空模拟研究 [D]. 福州: 福建师范大学, 2008: 5 – 113.

[293] 李晶. 内蒙古自治区干旱灾害时空分布规律及预测研究 [D]. 呼和浩特: 内蒙古农业大学, 2010: 5 – 72.

[294] 李明峰, 董云社, 齐玉春, 等. 极端干旱对温带草地生态系统 CO_2, CH_4, N_2O 通量特征的影响 [J]. 资源科学, 2004, 26 (3): 89 – 95.

[295] 李忆平, 王劲松, 李耀辉, 等. 中国区域干旱的持续性特征研究 [J]. 冰川冻土, 2014, 36 (5): 1131 – 1142.

[296] 李兴华, 李云鹏, 杨丽萍. 内蒙古干旱监测评估方法综合应用研究 [J]. 干旱区资源与环境, 2014, 28 (3): 162 – 166.

[297] 李镇清, 刘振国, 陈佐忠, 等. 中国典型草原区气候变化及其对生产力的影响 [J]. 草业学报, 2003, 12 (1): 4 – 10.

[298] 廖国藩, 贾幼陵, 农业部, 等. 中国草地资源 [M]. 北京: 中国科学技术出版, 1996: 70 – 506.

[299] 刘春晖. 气候变化对阿拉善蒙古族传统畜牧业及其生计的影响研究 [D]. 北京: 中央民族大学, 2013: 3 – 62.

[300] 刘辉志, 董文杰, 符淙斌. 半干旱地区吉林通榆"干旱化和有序人类活动"长期观测实验 [J]. 气候与环境研究, 2004, 9 (2): 378 – 389.

[301] 刘帅. 东亚草地生态系统水分平衡动态及其驱动机制研究 [D]. 北京: 中国科学院地理科学与资源研究所, 2009: 3 – 90.

[302] 刘岩. 半干旱草地 NPP 遥感模型和环境响应研究 [D]. 北京: 中国科学院研究生院（遥感应用研究所）, 2006: 3 – 80.

[303] 刘燕华, 葛全胜, 张雪芹. 关于中国全球环境变化人文因素研究发展方向的思考 [J]. 地球科学

进展，2004，19（6）：889－895.

[304] 柳小妮，任正超，李纯斌，等．气候变化下中国草地 NPP 的研究 [J]．草原与草坪，2010，30（3）：7－14.

[305] 马瑞芳．内蒙古草原区近 50 年气候变化及其对草地生产力的影响 [D]．北京：中国农业科学院，2007：5－79.

[306] 马文红，方精云，杨元合，等．中国北方草地生物量动态及其与气候因子的关系 [J]．中国科学：生命科学 2010（7）：632－641.

[307] 马文红，韩梅，林鑫，等．内蒙古温带草地植被的碳储量 [J]．干旱区资源与环境，2006，20（3）：192－195.

[308] 马文红，杨元合，贺金生，等．内蒙古温带草地生物量及其与环境因子的关系 [J]．中国科学：C 辑，2008，38（1）：84－92.

[309] 毛志宏，朱教君．干扰对植物群落物种组成及多样性的影响 [J]．生态学报，2006，26（8）：2695－2701.

[310] 莫志鸿，李玉娥，高清竹．主要草原生态系统生产力对气候变化响应的模拟 [J]．中国农业气象，2012，33（4）：545－554.

[311] 穆少杰，李建龙，杨红飞，等．内蒙古草地生态系统近 10 年 NPP 时空变化及其与气候的关系 [J]．草业学报，2013（3）：6－15.

[312] 那音太．基于 SPI 指数的近 50a 内蒙古地区干旱特征分析 [J]．干旱区资源与环境，2015，29（5）：161－166.

[313] 牛建明．气候变化对内蒙古草原分布和生产力影响的预测研究 [J]．草地学报，2001，9（4）：277－282.

[314] 彭琴，齐玉春，董云社，等．干旱半干旱地区草地碳循环关键过程对降雨变化的响应 [J]．地理科学进展，2012，31（11）：1510－1518.

[315] 朴世龙，方精云，贺金生，等．中国草地植被生物量及其空间分布格局 [J]．植物生态学报，2004，28（4）：491－498.

[316] 齐玉春，董云社，耿元波，等．我国草地生态系统碳循环研究进展 [J]．地理科学进展，2003，22（4）：342－352.

[317] 齐玉春，董云社，刘纪远，等．内蒙古半干旱草原 CO_2 排放通量日变化特征及环境因子的贡献 [J]．中国科学：D 辑，2005，35（6）：493－501.

[318] 盛文萍．气候变化对内蒙古草地生态系统影响的模拟研究 [D]．北京：中国农业科学院，2007：7－83.

[319] 孙政国，孙成明，李建龙，等．我国草地生态系统碳循环机制及碳蓄积核算研究回顾与展望 [J]．草业科学，2011，28（9）：1611－1616.

[320] 田汉勤，徐小锋，宋霞．干旱对陆地生态系统生产力的影响 [J]．植物生态学报，2007，31（2）：231－241.

[321] 托亚．内蒙古干旱成因及预测研究 [D]．北京：中国农业科学院，2006：1－57.

[322] 王超．应用 BIOME－BGC 模型研究典型生态系统的碳水汽通量 [D]．南京：南京农业大学，2006：1－85.

[323] 王宏，李晓兵，李霞，等．中国北方草原对气候干旱的响应 [J]．生态学报，2008，28（1）：172－182.

[324] 王娓，彭书时，方精云．中国北方天然草地的生物量分配及其对气候的响应 [J]．干旱区研究，2008，25（1）：90－97.

[325] 王莹，夏文稻，梁天刚．陆地生态系统净初级生产力的时空动态模拟研究进展 [J]．草业科学，2010，27（2）：77－88.

[326] 王永芬，莫兴国，郝彦宾，等．基于 VIP 模型对内蒙古草原蒸散季节和年际变化的模拟 [J]．植物生态学报，2008，32 (5)：1052-1060.

[327] 王玉辉，周广胜．内蒙古羊草草原植物群落地上初级生产力时间动态对降水变化的响应 [J]．生态学报，2004，24 (6)：1140-1145.

[328] 王旭峰，马明国．基于 LPJ 模型的制种玉米碳水通量模拟研究 [J]．地球科学进展，2009，24 (7)：734-740.

[329] 吴佳，高学杰．一套格点化的中国区域逐日观测资料及与其他资料的对比 [J]．地球物理学报，2013，56 (4)：1102-1111.

[330] 吴家欣．应用 Biome-BGC 模式估算栖兰山样区台湾扁柏森林生态系之碳收支 [D]．花莲：台湾东华大学，2008：1-69.

[331] 叶笃正，符淙斌，董文杰，等．全球变化科学领域的若干研究进展 [J]．大气科学，2004，27 (4)：435-450.

[332] 于贵瑞，李海涛，王绍强．全球变化与陆地生态系统碳循环和碳蓄积 [M]．北京：气象出版社，2003：1-254.

[333] 袁文平，周广胜．干旱指标的理论分析与研究展望 [J]．地球科学进展，2004a，19 (6)：982-991.

[334] 袁文平，周广胜．标准化降水指标与 Z 指数在我国应用的对比分析 [J]．植物生态学报，2004b，28 (4)：523-529.

[335] 袁文平，周广胜．中国东北样带三种针茅草原群落初级生产力对降水季节分配的响应 [J]．应用生态学报，2005，16 (4)：605-609.

[336] 张存厚．内蒙古草原地上净初级生产力对气候变化响应的模拟 [D]．呼和浩特：内蒙古农业大学，2013：5-120.

[337] 张存厚，王明玖，乌兰巴特尔，等．内蒙古典型草原地上净初级生产力对气候变化响应的模拟 [J]．西北植物学报，2012，32 (6)：1229-1237.

[338] 张存厚，王明玖，张立，等．呼伦贝尔草甸草原地上净初级生产力对气候变化响应的模拟 [J]．草业学报，2013，22 (3)：41-50.

[339] 张东秋，石培礼，张宪洲．土壤呼吸主要影响因素的研究进展 [J]．地球科学进展，2005，20 (7)：778-785.

[340] 张峰．中国草原碳库储量及温室气体排放量估算 [D]．兰州：兰州大学，2010：7-81.

[341] 张峰，周广胜，王玉辉．基于 CASA 模型的内蒙古典型草原植被净初级生产力动态模拟 [J]．植物生态学报，2008，32 (4)：786-797.

[342] 张继义，赵哈林．短期极端干旱事件干扰下退化沙质草地群落抵抗力稳定性的测度与比较 [J]．生态学报，2010，30 (20)：5456-5465.

[343] 张美杰．近 60a 内蒙古干旱动态分析 [D]．呼和浩特：内蒙古师范大学，2012：6-72.

[344] 张全国，张大勇．生物多样性与生态系统功能：最新的进展与动向 [J]．生物多样性，2003，11 (5)：351-363.

[345] 张廷龙．陆地植被生产力的模型模拟与数据同化研究 [D]．北京：北京师范大学，2011：1-109.

[346] 张新时．草地的生态经济功能及其范式 [J]．科技导报，2000，18 (0008)：3-7.

[347] 张新时，高琼．中国东北样带的梯度分析及其预测 [J]．植物学报：英文版，1997，39 (9)：785-799.

[348] 赵慧颖．气候变化对典型草原区牧草气候生产潜力的影响 [J]．中国农业气象，2007 (3)：281-284.

[349] 赵文龙．中国北方草原物候，生产力和土壤碳储量对气候变化的响应 [D]．兰州：兰州大学，

2012：7-92.

[350] 郑晓翾，王瑞东，靳甜甜，等．呼伦贝尔草原不同草地利用方式下生物多样性与生物量的关系[J]．生态学报，2008，28（11）：5392-5400．

[351] 钟华平，樊江文，于贵瑞，等．草地生态系统碳蓄积的研究进展[J]．草业科学，2005，22（1）：4-11．

[352] 周广胜，王玉辉，白莉萍，等．陆地生态系统与全球变化相互作用的研究进展[J]．气象学报，2004，62（5）：692-707．

[353] 周广胜，王玉辉，许振柱，等．中国东北样带碳循环研究进展[J]．自然科学进展，2003，13（9）：917-922．

[354] 周广胜，张新时．自然植被净第一性生产力模型初探[J]．植物生态学报，1995，19（3）：193-200．

[355] 周扬，李宁，吉中会，等．基于SPI指数的1981—2010年内蒙古地区干旱时空分布特征[J]．自然资源学报，2013，28（10）：1694-1706．

后　　记

　　"苍龙未现风起晚，闯天破地闹九霄。吾辈焉有凌云志，一生不懈求自勉。"踌躇满志，怀着梦想，我走进了北师的"象牙塔"！披荆斩棘求学路，闲看梅花险中求！人在师大，收获颇多！感谢母校，提供了育人自勉的坚实平台；感谢导师，授人以渔，循循善诱；感谢老师与同窗好友，危难时刻不忘帮扶，雪中送炭！

　　真心感谢我的导师武建军教授，本书是在您的悉心指导下完成的，从选题策划、资料收集、内容撰写、思路创新到文字修改，都浸透了您的心血。您亲自掌刀，调整书稿内容与结构，修改语句和错别字，完善相关研究工作，一丝不苟，字字锤炼，令学生感动不已！书稿能够顺利完成，您是指挥官，学生是冲锋者，是师生合力"战斗"的战果！您是学生平生所见最为认真、最为负责的老师！您以深厚的学术造诣、渊博的专业知识、严谨的治学态度和创新的思维方法指导与激励我，您的教诲使我铭感肺腑。"仰之弥高，钻之弥坚，瞻之在前，忽焉在后。夫子循循然善诱人，博我以文，约我以礼，欲罢不能，既竭吾才，如有所立卓尔。虽欲从之，末由也已。"这句话出自《论语·子罕》，是颜渊对于孔子之道的赞叹。概吾一生，难及吾师之十一抑或百一。在科研中，您总能高瞻远瞩，一针见血，因材施教；又十分开明，容许异见存在，甚至是面红耳赤般的争论；总能鼓励学生在科研道路上进行种种尝试，全面理解学生并充分挖掘学生的潜能，进而授之以渔！一个学生负责一个科研项目，从项目立项报告撰写、实施档案和执行控制、结题报告撰写等方面，全面锻炼学生的协调组织之能力、认真之用心、负责之精神。在水利部前期重大专项"全国干旱区划及旱灾风险评估研究项目"的执行中，您让学生放开手脚大胆尝试，充分发挥主观能动性，顺利完成了项目的结题，更是全面锻炼了学生，这对我的人生和今后的工作影响很大，让学生领悟了学术与为人处世的真谛，真正体会到了人生的乐趣。

　　俗话说：一日为师终生为师！您不仅仅是学术上的导师，更是人生的导师。本科阶段，总能倾听到您的事迹，令人崇拜；研究生阶段，亲身聆听您的教诲，无比荣幸！您总是教导我们：做学问，先做人。您说，一旦做人出了问题，学问做得越好越是对社会有害！做人是为人处世的根本，是传递正能量的根本保证！同时，您非常注重我的独立思考能力、人格和思想的培养，鼓励我做一个对社会有用的科技工作者。工作中您诚诚恳恳，兢兢业业，用心做好每一件事情！记得第一次做会议议程，您严格得近乎完美的要求，刚开始让人有点接受不了，几经修改才令您满意。从这些微不足道的事情上可以看出，您是想培养我认真做事、追求完美的工作风格。2013 年，中国南方发生特大干旱，您让学生全面负责干旱野外调查事宜，从调研内容、评估指标、调查路线等方面详细确定野外调研方案，反复讨论，集思广益，不厌其烦，为野外实验顺利开展奠定了良好的基础。生活中您对我们可谓关怀备至，不管谁有困难，您都非常耐心、尽心地解决和帮忙，和学生们打成一片。有一天早上在办公室，您问我是否吃过早饭，顺手便给了我一个鸡蛋，真的让我非常感动。您的关心让学生无言以表！无论是业已毕业的师兄师姐，还是即将入校的师弟师妹，都对您和小组恋恋不舍，因为这是一个有情有义的科学学术小组！学术上您是良师，生活中您是益友！您总是亲切过问学生生活中有什么困难，犹如父母般关爱！无论怎样艰难，我们从不孤独，因为您是我们强大的后盾，因为您对学生的期望甚高，真心希望将学生们培养成一个个积极上进、有技能、有思想、全面发展的人才！

特别感谢高尚玉老师、李京老师、刘连友老师、李晓兵老师、孟耀斌老师等，正因为你们在学术、学校以及学院管理中的带头作用和无私奉献精神，我才能有机会在北师大接触到更多的知名学者，学到更丰富的专业知识。感谢教授我专业课的老师们——李小文院士、王锦地老师、刘绍民老师、高琼老师、袁文平老师和李香兰老师等，是你们让我有机会了解 GIS 和遥感以及生态学的国际最前沿成果，具备了开展研究的理论和技术基础。感谢中科院地理所于贵瑞老师和张雷明老师、植物所陈世萍老师和邵长亮老师、北师大刘绍民老师、气象科学研究院高学杰老师给予宝贵的研究数据。周涛老师、延晓冬老师、齐玉春老师、刘布春老师和唐宏老师是我所从事的研究方向的知名专家，感谢你们在开题和研究过程中多次给予指点，谢谢你们的建设性意见和给予的帮助和关心。还要感谢专家组成员张朝老师和唐宏老师的肯定与指导。感谢原科技楼 608 实验室的黄靖老师、刘吉夫老师、张国明老师、杜鹃老师、吴吉东老师在工作、学习中给予的支持与帮助。感谢减灾与应急管理研究院、地表过程与资源生态国家重点实验室、环境演变与自然灾害教育部重点实验室的所有老师为我的成长提供的良好的环境。

感谢水利部遥感技术应用中心主任路京选教高，你亦师亦友，可谓人生导师＋恩师！

感谢我的父母、姐姐和弟弟，你们在我人生最困难的时候依然支持我完成学业。感谢妻子张艺上的默默支持，你使我走出了人生的最低谷！这几年的人生经历中，我有过伤、有过痛、有过泪，大喜大悲，坚强挺过，明白了比山高的是双脚，比海阔的是心胸，也明白了人生最重要的是——友情、爱情与亲情。

感谢我的妻子和女儿，你们给了我生命的源泉。

谨以此《浪淘沙·感恩》聊表学生对母校、恩师及亲朋好友的感激之情！

滔滔江河浪，似雨非狂。绿柳依依伴学堂。吾师风云惊天地，急煞骄阳。

巍巍燕山岗，犹忆辉煌。剑气浩浩意飞扬。水科精魂逐日月，再现锋芒！

雷添杰

2020 年 1 月